规划

CHINA ENVIRONMENTAL IMPACT ASSESSMENT

THEORETICAL EXPLORATION AND PRACTICAL INNOVATION

中国环境影响评价

理论探索与实践创新

李海生

李小敏　赵玉婷

刘小丽　姚懿函

－ 著 －

中国环境出版集团·北京

图书在版编目（CIP）数据

中国环境影响评价理论探索与实践创新 / 李海生等
著 . —— 北京 : 中国环境出版集团 , 2022.12（2024.4 重印 ）
　ISBN 978-7-5111-5363-0

　Ⅰ . ①中… Ⅱ . ①李… Ⅲ . ①环境影响 – 评价 – 中国
Ⅳ . ① X820.3
中国版本图书馆 CIP 数据核字 (2022) 第 235574 号

出 版 人　武德凯
责任编辑　田　怡
装帧设计　今亮後聲 HOPESOUND 2580590616@qq.com

出版发行　中国环境出版集团
　　　　　（ 100062 北京市东城区广渠门内大街 16 号 ）
　　　　　网　　　址 : http://www.cesp.com.cn
　　　　　电子邮箱 : bjgl@cesp.com.cn
　　　　　联系电话 : 010-67112765 （编辑管理部 ）
　　　　　　　　　　 010-67175507 （第六分社 ）
　　　　　发行热线 : 010-67125803，010-67113405 （传真 ）
印　　刷　北京中献拓方科技发展有限公司
经　　销　各地新华书店
版　　次　2022 年 12 月第 1 版
印　　次　2024 年 4 月第 2 次印刷
开　　本　787 × 1092　1/16
印　　张　22.75
字　　数　376 千字
定　　价　180.00 元

曲格平

原国家环保局局长、全国人大环资委主任委员、中华环保基金会创始人

时光荏苒，寒暑轮替，草木荣枯，我与环评的缘分已经绵延了整整五十载。1972 年随中国代表团参加斯德哥尔摩会议，我们与环评初识。意识到要保护好人类环境，维护生态平衡，光靠消极被动的治理是不行的，不仅花钱多、收效小，甚至造成难以挽回的损失，在当时的社会经济历史背景下，积极的办法是预防，我们选择了环评制度。中国加入 WTO 后经济高速发展，资源环境问题日益严峻，党中央决定把环境保护放在更加重要的战略位置上，推动政府执政观转变与执政能力的提升，我们又进一步提出了环评立法。

今年是《环评法》颁布实施二十年。读了李海生同志写的《中国环境影响评价理论探索与实践创新》，这本书把环境影响评价引入中国半个世纪的风雨历程和辉煌成就做了生动展示，勾勒了新时期在生态文明建设指引下，走向多元治理主体齐力打造"我要环评"的宏伟蓝图。我非常高兴，也非常欣慰。我看到了，五十年来，环评工作一步一个脚印地扎实前行；也感受到了，在中国的不同发展时期，直面经济发展与环境保护的矛盾，栉风沐雨，我们环评人不变的初心，无畏的气概和永葆奋斗的精神。

从书中我看到了几个让我兴奋的数据，《环评法》的颁布实施以来，共审批各类建设项目环评 600 余万项，《规划环评条例》实施以来，全国共开展各类规划环评万余项。环评实践，硕果累累。环评作为源头预防的基础性环境管理制度，在我国经济发展、转型的历史进程中，在预防和减轻环境污染、防止生态破坏、促进产业结构调整、优化布局、严格环境准入发挥了重要作用。我们可以无愧于心地说，环评制度起到了当初奠基时刻所期望的积极预防作用。

五十年来中国的发展和环境都发生了巨大变化，但是如何正确处理发展

与保护的关系，始终是我们要面对的一个难题。十年前，《环评法》颁布十周年之际，我说过，"我从来都认为，当人家每年都在庆功，庆祝各种计划完成的时候，环保界从来没有喝彩欢庆过，因为我们的任务始终都很艰巨。"现在，我还要说，"我们的任务依然很艰巨"。最近我听到了一些对环评的意见，一些人在讨论环评制度存在的必要性，面对各方的质疑，我们改革任务艰巨。环评制度"先评价、后决策"，讲民主、讲科学，这是一项好制度。但一成不变的制度是没有生命力的，与时俱进是每个制度的宿命。改革路上遇到的问题，要在深化改革来解决。我们要深刻反思环评制度存在的问题，让环评回归本质，焕发新生。

当前我国生态文明建设进入以降碳为重点战略方向、促进经济社会发展全面绿色转型的关键时期，更需要用好环评制度，强化源头防控，服务新发展需求。我们要将生态文明理论、"人与自然和谐共生"作为新时期环评制度处理生产生活和生态环境关系的基本遵循，让环评制度成为减污降碳协同增效、经济社会绿色低碳转型的重要抓手，在推进经济高质量发展和生态环境高水平保护中持续发挥重要作用。

我们环保人要胸怀"功成不必在我，功成必定有我"的决心，不忘初心，砥砺前行，在美丽中国建成之日，我们自豪地拍着胸脯说，我们没有辜负国家，没有辜负人民！

2022 年 12 月 11 日

吴晓青

全国政协常委农业农村委副主任、民建中央副主席、原环境保护部副部长

《环评法》颁布二十年之际，收到海生同志这本书稿，倍感亲切。虽然我离开环保系统六年了，这些年依旧心系环保。党的十八大以来，我国生态环境保护发生历史性、转折性、全局性变化，创造了举世瞩目的生态奇迹和绿色发展奇迹。这本书将我带回到我在环境保护部主管环评工作的那些年，书中提到的五大区战略环评、"区域限批"、《规划环评条例》我都是亲历者和推动者之一，时至今日依然记忆犹新。

自"十五"以来，我国经济社会发展与资源环境的矛盾日益突出，环境保护面临严峻的挑战，党中央要求转变经济发展方式，对环境有重大影响的决策，应当进行环境影响评价。环评是环保工作重要组成部分，环评制度的精髓和根本功能就是"预防为主、源头控制"，这是环评领域一切工作的出发点和落脚点，以"宁做今时恶人，不做历史罪人"的历史担当，严把高耗能、高污染项目准入关口，在源头预防环境污染和生态破坏中发挥了至关重要的作用。这些年，在环保体制改革和环境管理战略转型中，环评走在了前面，在不断的变革中适应国家发展和保护大局。

发展是解决我国一切问题的基础和关键。环评是与经济社会发展联系最紧密的一项环境管理制度，在发展前端建言献策，把经济社会发展目标与环境目标从"两张皮"拧成"一股绳"。书中提到大区域战略环评，就是站在国家的视角回答了发展与保护的问题，确保国家重大生产力布局、城镇发展与资源环境承载相适应。我国开展了五大区、西部大开发、中部地区、长江经济带等跨区域、全流域的战略环评实践与探索，确是"真正意义上对人类大规模的开发活动进行的预先评价"。

党的二十大报告提出，到 2035 年经济实力大幅跃升，人均国内生产总值

迈上新的台阶，较现状还要翻一番。这就要求中国特色的现代化既要有"质"的提升，也不能忽视"量"的增长。深入贯彻落实习近平生态文明思想，继续用好环评制度，严格控制污染增量，推进经济绿色增长，是新时期环境治理的重要任务。中国的高质量发展离不开环评这个"利器"，中国的环保事业也需要环评人冲锋在最前面。正如书中所说，环评需要更广泛、更深入、更主动地融入经济社会各领域和全过程，发挥其引导和优化经济社会活动的作用，支撑服务全局性、深远性宏观战略决策，促进经济发展和环境保护协调统一、人与自然和谐共生。

"筚路蓝缕，以启山林"，新时期的环评改革仍是任重道远，需要更加广泛而深入的研究和探索，需要用一代又一代人的奋斗来完善。作为《环评法》实施二十年的献礼，海生同志这本书深入浅出，全面回顾了近半个世纪以来，环评发展的历程，从初心讲到本义、从理论讲到实践、从过去讲到未来，系统阐释了环评在我国改革开放事业中发挥的重要作用，描绘了新时代环评发展的蓝图，可谓是近些年中国环评领域的一部力作。无论环评的管理者、参与者、研究者，相信都能从书中找到共鸣、获得灵感、激发思考，进而更好地推动环评工作的创新实践，开启中国环评事业新征程。

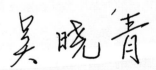

2022 年 12 月

李恒远

原国家环保总局政策法规司司长、中华环保联合会副秘书长

我在上世纪九十年代在国家环保机关负责过环评工作，对环评有着深厚的感情。拿到海生的这本书，一口气读下来，感慨万千。"中国环境影响评价"，在我的印象中，它是一个蹒跚学步的孩子，各项制度都有待完善，现在它已经成长为经济发展和环境保护不可替代的"调和剂"，环评法制化建设，日臻完善。环评制度是我国生态环境现代化治理体系中源头预防体系的核心内容。

读到第三章"制度——探索、构建与发展"，从"奠基时刻""历史突破"，环评立法、一波三折的艰难历程，一下子把我带回二十多年前在《环评法》起草支撑小组工作的日子。当时我们国家的环评与发达国家差距很大，主要停留在对项目进行环评的层面上，如何开展规划环评，从制度和工程程序大家都不清楚。2000年，我和海生一起随同国务院法制办、全国人大环资委和国家环保总局的同志们去加拿大调研环评制度的执行情况，白天跟加拿大环境部的官员交流，了解他们的政策、规划、项目环评工作程序、法律条款和实施成效，晚上回到宾馆做交流总结和第二天的交流准备，解除调研小组每人心中的困惑。从加拿大调研回来，大家更加坚定了环评必须立法的决心和信心。在环评法草案审议过程，面对各方的争议，不记得开了多少次的讨论会，不记得写了多少的说明材料，大家都是通宵达旦，反复检查核实，唯恐有什么疏漏，直到2002年正式通过，整个过程实在太不容易了。环境影响评价制度在环境立法中开创了不少先河，体现了制度本身的活力，更体现了党中央解决环境问题的决心。

人要生存，社会要发展，都依托于环境享有，环境权构成了生存和发展的一个基础权利，维护和实现环境权益是我们环境保护重要目标。我之所以向

广大读者推荐这本书，一方面是因为本书丰富的案例、生动的语言、跨越数十年环境影响评价历程的宽广视野，另一方面，也是因为环境保护事业与我们每个人的生活品质、愿景息息相关，也是每个人都应该参与其中、共同治理的。

《环境影响评价法》中建立了公众参与环境保护的机制，让我们公众能够直接参与到国家社会管理、环境建设当中去，调动了人民群众参与环境管理的热情和积极性。正如书中所言，很多人是从环评知道环保，并通过环评参与环保的。现在国家提出构建现代环境治理体系，实行多方共治，我们每一个人都是"主人翁"。在环境立法中，在环境决策中，在污染治理中，在国家重大方针、政策规划、项目建设中，公众将承担更加重要的角色，环评也还将继续提供参与和互动平台，促进"多元共治，共生共赢"。

新时代生态文明建设进入了快车道，海生的这本书是献给环境保护新时期的一份厚礼，是给每位关心环评、环保事业人士的一份答卷！

李恒远

2022 年 12 月

毛文永

原环境保护部环境工程评估中心副主任、总工程师

我国环境影响评价制度已走过了 40 余年的历程，取得举世瞩目的伟大成就。在几十年超高速超大规模的工业化过程中，完成了海量的环评工作任务，尤其是建设项目环境影响评价，项目大大小小，分布东西南北，各行各业，世界上有的我国都有，世界上没有的我们也遇到了。其间的难题不计其数，矛盾错综复杂，正如《中国环境影响评价》书中所说的，在经济突飞猛进、建设项目一哄而上的强势面前，环评只在夹缝中生存发展。环评，既要完成环境保护的既定目标，更有保障经济增长的任务压力，如何协调，怎样妥协，实属两难。但是，终于有一帮不畏艰难的环评人，硬是走出了一条新路：在保护中发展，在发展中保护。通过自己无计其数的劳动，将不屈不挠印痕在中华大地上，谱写了一篇堪称奇迹的大文章：中国的环境没有在空前的工业化大潮中显著恶化，基本保住了环境－资源－生态的底线，没有发生诸如"伦敦烟雾""八大公害"等工业化恶性事件，而且近年还取得环境全面大幅度改善的巨大成功。这是很值得骄傲的成绩。

现在，新一代环保科技干部，中青年环评人，已经成长壮大。他们意识到一个新时代已经到来，新任务即将面临，因而自觉担责，谋划未来。他们意图总结过去的伟大实践经验，抽提思想，上升为理论，指导提高整体工作水平，并着意组织和集结更强大的队伍，去迎接新时代新任务。因此，组织精兵强将班底，开展研讨、着手写作，形成这本具有承上启下和开拓意义的文本。我，一个老环保人，对此感到由衷的兴奋，也衷心祝贺他们的成功。

环评人最为关注的首先是技术评估。书中用"嵌入"一词描述评估，甚是精妙。的确，评估最初就是在惯常的行政"报批－审批"程序中"嵌入"的一环，使之成为报批－评估－审批的过程。不过，这一"嵌入"却实实在

在使存续了几千年的传统管理制度发生了质的变化：一是科学技术"嵌入"了行政管理；二是独立的多部门管理被环评整合到一个平台上，成为相互"嵌入"的综合决策，协调管理，各自为政的"独角戏"变成一曲相互协调的"大合唱"。三是与建设项目利益相关的民众也有机会"嵌入"决策过程，很多潜在矛盾问题也因此被化解、解决。评估，构建了一个适应时代发展的综合管理、科学决策大舞台，促进了经济发展的顺利进行，也提升了整个行政管理的科学决策水平。本书对此做了很好的分析和总结。不过，这是一个大海，一本书只能捕捉其中几朵浪花。这方面，还有更大的作为等待来者。

中国文化讲究知行合一，注重实效。本书亦将建设项目环评作为重点。环评的任务一是服务于管理，二是服务于经济建设。这也是环评协调环保与经济建设关系最基本的途径，是不可轻视的基础性工作。书中亦展示了我国从项目环评向规划环评和区域环评及综合管理的发展态势，都是令人十分鼓舞的。从项目环评发展到规划环评，是环境保护参与综合决策、实现环境与经济社会协调发展的思想认识和政策决策的质的飞跃，也是实现政策评价的实际道路。可以说，这也是走向新时代、实现新发展的有效途径。保护环境，改善生态，就是未来的发展目标。本书对此做了展望。这个内容是值得一读的，更是值得去探索的。

"从可持续发展到生态文明"，既是正确看待评价我们的过去，也是满怀信心展望和迎接生态文明建设的未来。过去我们在跟进世界，我们的确在努力地学习，并认真地实践，取得了优良成绩，本书就是一份很好的总结。现在我们要创新未来，更需要我们解放思想，不断创新，不断前进。经验证明，在过去的学习跟进时期，我们已经在创新，发展出属于中国人特有的东西。我们有优秀而先行的中华文化加持，一定能产生更先进的思想和更文明的创新和发展。过去，我们实际上已经超越了西方通过立法保护环境、推动环保与经济发展进行博弈的老套路，而是通过立法保障、科学决策、全过程管理和推进产业转型升级的综合施策而实现了增产减污和改善环境的"双赢"结果。今天，我们已经站在生态文明建设的高地上，起步于构建人类命运共同体的时代前沿，前进方向明确，战略蓝图确定，新征程已经开始，我们的队伍也在整装待发。我们更殷切期待，新时代的环评人，再努力！再前进！不断开辟环评新路，为建设我们的美丽中国而奋勇前进。

2022 年 12 月 10 日

目 录 CONTENTS

引 言

2022 年是《中华人民共和国环境影响评价法》颁布的第 20 年。

我国环评大约每 10 年就有一次大的提升、认识的升级和理论的开拓：

——第一个十年（1973—1982 年），我国环评制度从无到有、"蹒跚学步"，"先评价后建设"。江西永平铜矿、上海宝山钢铁等建设项目环评拉开了我国建设项目环评的序幕。

——第二个十年（1983—1992 年），环评以"预防为主"，建章立制。以环境工程评估中心为代表的第三方评估机构成立，"先评估、后决定"，服务环评审批。

——第三个十年（1993—2002 年），国家环境保护局发布环境影响评价技术导则，强化、完善、拓展、提高，推动我国环评的科学化与规范化实施。

——第四个十年（2003—2012年），随着《中华人民共和国环境影响评价法》（以下简称《环评法》）出台，规划环评开启，从"督企"拓展到"督政"，"先评价、后决策"，环评正式进入国家经济社会决策程序。

——第五个十年（2013—2022年），环评制度体系不断完善和优化，成套适用的法规体系、先进实用的技术体系、包罗万象的管理体系、不胜枚举的实践成果，形成了目前我国环评体系的生动局面。

习近平总书记指出，一个国家选择什么样的治理体系，是由这个国家的历史传承、文化传统、经济社会发展水平决定的，是由这个国家的人民决定的。习近平总书记的论述，隐含了选择治理体系的三个标准："中国性""时代性"与"人民性"。现代环境治理体系是国家治理体系的重要组成部分，环评是我国生态环境治理体系的重要组成部分。那么，环评的"中国性""时代性"与"人民性"都体现在哪里呢？结合多年的环评管理实践，笔者给出这样的答案：

——我国是全世界唯一拥有联合国产业分类中全部工业门类的国家，覆盖行业范围之广、区域空间之大、发展与保护关系之复杂举世罕见。青藏铁路、西气东输、南水北调等跨世纪工程的体量和复杂程度前所未有，在全球没有成熟经验可供借鉴。每年十万余个建设项目环评工作开展，其规模和效益无与伦比、影响深远；几万名环评工作者，脚踏实地，给每个项目都"紧了紧扣"，把环保实践"写"在中华大地上，此乃环评的"中国性"。

——改革开放40余年，我国经济突飞猛进，我国从一穷二白跃升为世界第二大经济体。环评作为源头预防制度，辩证地将资源环境保护与经济发展统一起来，努力破解经济高速发展与资源环境承载能力不足的矛盾。《环评法》颁布的20年，也是我国加入WTO后高速发展的20年。在国家经济总量增加约9倍的情况下，能源消费总量仅增加了2倍多，工业二氧化硫排放量减少了近75%，一定程度上化解了工业发展的压力。我国没有像发达国家那样经历"八大公害"等严重恶性事件，守住生态环境质量底线的"军功章"上应有环评的一份功劳，此乃环评的"时代性"。

——环评作为政府部门、社会公众熟知的环境政策工具，将现代的环境保护思想理念、环境管理政策法规要求贯彻并传播到整个经济领域，辐射到经济社会各部门的各个决策环节。我国的生产建设者、干部队伍、社会民众，大部分是从环评知道环保，并通过环评参与环保的。通过公众参与，依靠群众力量，把环保部门的"单打独斗"变成社会各界的"大合唱"，让决策者不敢轻易拍脑袋，让审批者不敢随意盖图章，环评对促进科学决策、民主决策的作用，具有实质性的长远意义，**此乃环评的"人民性"。**

《环评法》颁布，我国首任国家环境保护局局长曲格平先生曾说，环评是半边天下，我们国家发展都跟这个法的贯彻执行有关系。"环评风暴"刮起，环评作为环保界的"网红"备受关注。我国环评虽然发挥了积极的作用，但在发展过程中理论引领作用弱，重应用、轻研究，尚未从根本上纳入政策决策程序；缺乏强制性和约束力，事中、事后监督不足；制度的自洽，与其他环境管理制度的衔接等都存在低效和脱节等问题，这些也是不争的事实。因此，批评、唱衰环评的声音时有发生，一些杂音慢慢地淹没了主流声音，令人心痛。

历史带来启迪，实践增添智慧。我国大区域、多层次、多行业的环评实践经验丰富，这些经验值得被总结，这些实践取得的成绩也不应该被瑕疵抹杀，及时总结、客观评估环评工作的成效与贡献，从实践中获得真知，唱好自己的"调调"，尤为重要。带着上述思考，本书聚焦并总结我国环境影响评价的理论方法、制度与实践创新经验，通过典型案例分析环境影响评价成效，总结并借鉴国外环评研究成果，立足我国国情，探讨中国特色的环评理论创新体系，主动"识变、应变、求变"，提出对新时代中国环评工作的发展建议。本书共分为六章。

第一章，角色——初心、由来与演变。开篇尝试给环境影响评价"画像"。环评"生于忧患"，源于西方发达国家盲目发展下对环境灾害事件的反思，这决定了环评本质是研究经济发展与环境保护之间的关系，环评制度是环保视角下经济社会发展的事前决策参考工具，旨在寻找人与自然的最大公约数。本章利用文献计量学方法绘制环评领域知识图谱，重点探究过去40余年国内外环评研究的发展与演变特征，以期帮助读者理解环境影响评价学科研究进展和脉络、历史演进规律和技术发展趋势。

第二章，本义——理论、技术与方法。阐明环境影响评价的技术逻辑、环境影响的可接受性等环评基本特征，基于区域复杂巨系统特征的认知，根据多年战略规划环评研究成果提出"三条红线"耦合的源头决策管理理论，构建了"三条红线"耦合的环评理论模型。从理论上贯通环评理论技术体系，向上以资源环境承载力优化经济社会发展战略，向下用"三条红线"确保建设项目不突破区域资源环境承载。本章以可持续发展为导向，以全新视角、系统思维，论述基于复杂巨系统的环评理论与方法，旨在抛砖引玉，推动新时代面向生态文明建设的环评理论方法创新发展。

第三章，制度——探索、构建与发展。沿着我国环评制度建立与完善的时间线，选取环评制度奠基、立法波折、环评风暴以及环评改革四个重要时刻，从以重点工程"三废"治理为主的环评 1.0，到协调区域社会经济可持续发展的环评 2.0，分享制度探索、构建、发展背后的故事；系统总结《环评法》实施以来，逐渐形成的"一法、两条例、三级环评、四级联网、五方共治"的中国特色环评体系。在环评制度建设及其与我国国情、体制、发展需求逐步融合的过程中，形成了有别于他国的中国特色的环评制度，把这些精华择其一二分享给读者。

第四章，嵌入——科技嵌入管理决策。围绕提高环评决策的科学性，以中国特色环境影响技术评估工作为技术供给载体，嵌入项目审批，全方位支撑环境管理。总结了我国技术评估的工作原则、内容与特征，尤其是重大工程项目技术评估的工作模式，以及为支撑技术供给功能而形成的环评大数据支撑平台的发展情况。结合我国决策体系特征，从科技引领、管理创新角度，总结出一种以环评为核心的、面向可持续发展的工程管理模式，将环评理念嵌入经济社会发展决策的全过程。

第五章，实践——绿水青山第一道防线。总结《环评法》实施以来，我国经济发展不同历史进程的环评实践活动；结合典型案例与数据分析，梳理建设项目环评、规划环评、经济和技术类政策环评、我国特有的大区域战略环评的开展情况、工作机制和具体作用；系统总结环评成效，直面环评困境和问题，从成效与不足两个角度分析环评贡献和发展"瓶颈"，从实践到认识，为环评制度在新形势下持续发挥作用寻求更好的发展路径。

第六章，蓝图——打造新时代环评3.0。人类面临着多样化的挑战，环评领域必须持续发挥其独特的优势，更好地服务于人类和全世界的最大利益，从制度层面和技术层面分别探讨环评3.0需要关注的重点议题、技术方向与解决路径；在应对这些环境问题与挑战时，科技赋能环评管理，聚焦环评新视野，创新环评新技术，提出了优化、深化我国环评体系建设的建议，绘制了分阶段、分层次的我国环评发展战略路线图，为发展中国家提供中国范式。

最后，在您开始阅读本书之前，笔者想强调的是，本书的重点不是向大家讲述"如何做环评"，而是笔者多年环评管理实践的总结，站在现在看过去与未来，并尝试提出我国环评理论与实践创新的一些思考。本书在撰写的过程中，尝试总结并解析我国环境影响评价的内涵、外延、特色、进步过程和实践经验，但由于时间有限，未能把环评在我国运行了近半个世纪的精妙独到之细节、恢弘大气之全景一一展开，唯望能通过本书激发更多的学者投入或者回归环评研究，用"中国话语"，把中国特色环评理论方法、思想发展和实践成就"讲"新、"讲"好、"讲"透！

本书基于中央级公益性科研院所基本科研项目——"面向新时期的中国环境影响评价发展研究"的部分成果修改而成。课题组成员李小敏、赵玉婷、姚懿函、许亚宣、董林艳、李亚飞、詹丽雯、李林子、赵果、田健等对本书的完成做出了较大贡献，本书能够快速、高效地成稿也凝聚了课题组全体成员的汗水，感谢孙启宏、李鸣晓、薛婕、郭祥等同志为本书提出的有益建议。在本书的成书过程中，得到了生态环境部环境工程评估中心的大力支持，得到了评估中心主任谭民强同志和党委书记刘伟生同志的大力支持，以及陈帆、刘小丽、刘磊、莫华、吕巍、陈爱忠、宋鹭、吴保见、陆嘉、仇昕昕、杜啸岩等同志的热情帮助；毛文永、梁鹏、李彦武、李巍、包存宽五位先生抽出宝贵时间给本书提出了独特的见解和深刻的建议，拓展了本书的广度和深度；本书出版过程中还得到了中国环境出版集团的全力支持，克服疫情影响，加班加点、保质保量地完成了出版工作，在此一并表示感谢！本书是向《环评法》颁布实施 20 周年、评估中心成立 30 周年的献礼之作，同时谨此致敬为我国环评事业做出重要贡献的老领导、老同事、老战友们！

尽管本书历经数次讨论和修改，但限于时间和笔者的知识水平，书中难免有不足之处，恳请广大读者批评、指正。

谨以此书献给我们最爱的中国环境影响评价事业，致敬她不平凡的过去、现在与光明的未来！

2022 年 9 月

战略
政策

政策
建议

理论探索
实践先河

理论方法
技术体系

重大
政策建议

环境
影响
评价

技术服务

项目
审批

项目
实施

第一章

角色

初心、由来与演变

环境影响评价起源于西方发达国家盲目发展下对环境灾害事件的反思，其本质是研究经济发展与环境保护之间的二元博弈问题，旨在寻找人与自然的最大公约数。本章先尝试给环境影响评价"画像"。环境影响评价是环保视角下经济社会发展的事前决策参考工具，促进了科学、法律、社会理性三者的融合。为了解环境影响评价长时间序列研究历程，采用文献计量学方法绘制环境影响评价领域知识图谱，重点探究国内外环境影响评价研究的发展与演变特征，以期帮助读者理解环境影响评价学科研究进展和脉络、历史演进规律和技术发展趋势，为未来研究找寻方向与路径。

环境影响评价"画像"

"生于忧患"
环境污染催生环境影响评价诞生

20 世纪四五十年代，西方国家科技进步带动了工业化的快速发展，资源的高消耗和污染物的高排放使得环境污染状况越发严重。伦敦烟雾事件、洛杉矶光化学烟雾事件、欧洲和北美东部地区弥漫的酸雨污染……一系列环境灾害事件所造成的生态破坏及社会风险，给欧美乃至世界各国的经济社会发展蒙上了一层阴影，引发了社会各界的普遍担忧。《寂静的春天》等一批环保题材著作的发表，唤起了人类的环保意识，西方环保运动蓬勃发展，推动了西方各国环保制度化进程。

面对惨痛的环境代价，人们开始反思，这种不顾资源环境承载能力的掠夺发展方式（或"自然资源—产品—污染排放"传统发展模式）是不可持续的，需要确立一种预防性的制度，以避免和减少人为活动可能造成的环境影响。在工业化所带来的巨大环境损害面前，与损害后再进行恢复的挽救型对策相比，"防患于未然"是更为有益的解决方法，由此催生出环境影响评价的概念，并逐步建立起环境影响评价制度。

1964 年在加拿大召开的国际环境质量评价会议上，首次提出了"环境影响评价"的概念（以下简称环评）。1969 年美国国会通过了

《国家环境政策法》，美国成为世界上第一个把环评用法律固定下来并建立环评制度的国家。随后瑞典、新西兰、加拿大、澳大利亚、马来西亚、德国等也相继建立了环评制度。1992年联合国环境与发展会议通过的《里约环境与发展宣言》《21世纪议程》《联合国气候变化框架公约》都写入了有关环评的内容。

国际社会普遍认为，环评制度是20世纪一项成功的"政策创新"。

"上医治未病"
环保视角的事前决策参考工具

"上医治未病，中医治欲病，下医治已病。"在我国传统文化中，"防患于未然"的思想古来有之，《易经·既济》中即提出"君子以思患而豫防之"。传统中医学也历来注重"治未病"。在任何领域，事先预防都是最经济和有效的策略。环评是通过科学、客观、公正地评估拟议规划、建设项目实施后可能造成的生态环境影响，提出减缓现存的和潜在的环境问题的策略、技术和方法，并将其作为规划、项目的有机组成部分。环评的根本目的是决策提供科学依据，进而影响决策，实现从源头预防污染、防治生态破坏的目标，并最终实现人与自然和谐共生的可持续发展。

着眼当下，环评在帮助决策者寻找能耗和物耗小、污染物产生量少的清洁生产工艺，合理利用自然资源，防止人为活动产生严重的新污染和生态破坏，同时寻求现有环境污染和生态破坏的治理修复措施。立足长远，环评识别和预测环境影响，解释和传播影响信息，制定出减轻不利影响的对策和措施，提高人为活动的环境友好程度。环评表面上是管理资源与生态环境的工具，本质上是处理人与自然的关系、经济发展与环境保护的关系，是帮助决策者维护代际、代内公平，促进经济、社会和环境的全面协调可持续发展的工具。

"海纳百川"
科学、法律、社会理性三者融合

环评是科学、法律、社会理性三者的融合。环评将环境的理想性与现实的可能性结合起来，既遵循理想，又追求实效；既有社会人文理念，又有科学评价技术，促使科学理性与社会理性交流。总结专家、新闻媒体、政府部门对环评特征的描述，可以看出业界对环评的共识主要聚焦在以下几对看似矛盾的特征上。

既有科学技术又有价值判断：环评首先是一种科学方法或者技术手段，是运用自然科学和社会科学的研究手段，对评价对象可能涉及的资源环境、经济社会、人文地理等多种因素进行分析、预测和评估，寻求科学依据，反映客观实际；环评中的"评"体现了其作为价值判断工具的特征，梳理评价依据、确定评价准则，既要给出防范环境污染和生态破坏的科学判断，遵循环境基准、生态系统阈值的约束，也要考虑经济社会发展阶段的价值导向，符合社会公众环境价值共识，兼具专业技术与价值判断的特征。

既要回顾总结又要前瞻预测：环评以预测未来为主，同时需要在回顾过去、立足现在的基础上进行客观判断。预测未来，必须基于历史回顾。凭借对现状环境问题的深入剖析，环评需明确与拟议经济活动相关的建设活动在过去一段时间内实施的情况，以及对环境已造成的影响态势及原因；在此基础上，通过一系列适用、可行的预测方法，预测拟议经济活动的环境影响途径、影响受体的方式和可能的影响程度。对于涉及污染物排放的经济活动，分析污染物在自然环境中的迁移、转化、归宿，预测其对受体的环境影响程度；对于涉及非污染类的经济活动，分析、预测其对生态系统的相关生态功能、生态价值的影响程度等。

既有理论性又有实践性："穷理以致其知，反躬以践其实"。学科要发展，必须要实用。除了要有理论支撑，还要走出象牙塔，融入经济社会发展的全方位、全过程。环评研究人与自然生态系统之间的相互作用关系。人类活动与环境响应之间并不是简单的线性关系，而是一个动态的、变化的、开放的复杂巨系统。既受外界系统能量和信息传输的影响，又有系统内部自然生态与社会经济的动态非线性相互作用；既包含自身的技术、方法和理论研究，也需要其他学科的理论支撑。人为开发活动拟议的决策（包括建设项目、资源开发、区域开发、立法等），都是环评需要考虑的范畴，环评可以说是环保领域最庞大的应用平台之一。

"层级分明"
与经济社会各决策环节紧密相连

国际上普遍认可的环评体系分为两种：项目环评（EIA）和战略环评（SEA）。其中，战略环评包括规划环评、计划环评和政策环评。

在我国，《环评法》规定：环境影响评价，是指对规划和建设项目实施后可能造成的环境影响进行分析、预测和评估，提出预防或者减轻不良环境影响的对策和措施，进行跟踪监测的方法与制度。其中：

项目环评，是针对拟议的具体开发活动（有具体的工程建设内容、方案或设计等）进行的环境影响评价，是分析、预测建设项目可能对环境造成的影响程度，提出应对不利影响的措施和对策的评价过程，在项目选址、生产工艺选择、环境管理、治理措施、施工期的环境保护等方面提出具体建议。根据我国《建设项目环境保护管理条例》，开展建设项目环评的范围是广泛的，有影响即评价。

一般而言，建设项目处于经济发展决策链的末端，在预防区域性、流域性、累积性不良环境影响，防止区域生态系统退化等方面的作用有限。 规划环评、政策环评侧重于全面考虑资源环境条件和承载能力，采用适宜的技术指标体系和方法，评价整体性、长期性环境影响，正好弥补建设项目环评的不足。

规划环评，是针对政府（包括国务院有关部门和设区的市级以上地方人民政府及其有关部门）编制的规划开展环境影响评价。 我国法定体系下的规划环评范围包括：土地利用有关规划，区域、流域、海域的建设和开发利用规划，以及工业、农业、畜牧业、林业、能源、水利、交通、城市建设、旅游、自然资源开发的有关专项规划。

政策环评，虽不在《环评法》范围内，但 2014 年修订的《中华人民共和国环境保护法》第十四条规定，"国务院有关部门和省、自治区、直辖市人民政府组织制定经济、技术政策，应当充分考虑对环境的影响，听取有关方面和专家的意见"，在法律上明确了开展政策环评的要求。2020 年生态环境部出台的《经济、技术政策生态环境影响分析技术指南（试行）》进一步界定我国政策环评的对象，即国务院有关部门和省、自治区、直辖市人民政府组织制定的产业和重大生产力布局政策、区域发展政策、税收和补贴政策、价格政策、贸易政策等。

这里需要强调的是，战略环评的概念在国内外的内涵与外延均不同，主要由于国内外经济社会活动的决策形式、决策程序等存在较大差异。 战略是一种从全局考虑谋划实现全局目标的规划，战略谋划的层次不同，所考虑的维度、广度也存在一定差异。 一些学者认为政策环评、规划环评和项目环评存在自上而下的层级关系和作用传达。 这种认知需要一个前提条件，就是基于同一战略目标的政策—规划—项目，才具有自上而下实施推进和作用传导。不能简单地认为政策环评层级一定高于规划环评，规划环评高于项目环评。例如，南水北调、西气东输等重大工程建设项目对国家的经济社会发展的深远影响，具有战略性，其决策层级远高于地方相关规划。因此，评价对象的名称不是最重要的，重要的是在国家经济社会规划体系下，参与经济社会决策源头，与各个决策环节紧密相连，这样才能从根本上、从源头上预防不良环境影响。

文献计量看环评发展

本书采用文献计量学研究方法，搜索 1980—2020 年中国知网和科睿唯安数据库中环境影响评价的相关文献（共获得有效的英文文献 4 119 篇、中文文献 4 856 篇），运用 CiteSpace 文献分析工具，绘制环境影响评价领域知识图谱，了解国外与国内学者在环境影响评价领域的相关研究进展，重点探究近 40 年我国环境影响评价研究的发展与演变特征，以帮助读者理解环境影响评价学科研究进展、脉络、历史演进规律和技术发展趋势。在对这些规律和趋势进一步研究的过程中，发现了一些有趣的结论，与读者们分享与讨论。

国内外环境影响评价研究差异

环境影响评价的学科发展历程与自身制度演进、国际组织推进密不可分，可以说是制度需求与学科研究相辅相成、互相促进。作为国际上公认的预防性政策工具，国际学术界对环评的关注度始终保持攀升状态；我国环评研究具有明显的政策引导特征，即制度革新不断提供研究方向和角度，研究不断对制度规定进行审视和创新。但更多的时候我国是将环评作为一项实践工具，对其理论的挖掘与探索浅尝辄止，数据对比上也能看出，当前研究投入较高，但成果转化率持续走低，一定程度制约了环评制度的纠错能力与创新能力。

从时间序列来看，国外学者在环评领域的研究成果总体呈现逐年增加趋势（图 1-1）。特别是近 20 年，面对全球性危机，西方发达国家大力推动绿色新政，国外学者对环评问题的思考明显增加，平均每年发文量为 187 篇，侧重于战略环评、可持续发展、生命周期评价、风险评价、生物多样性、气候变化等方面的研究；近 5 年的文献则从环境管理、公众参与、可再生能源、生态系统服务功能、碳足迹等角度展开研究。

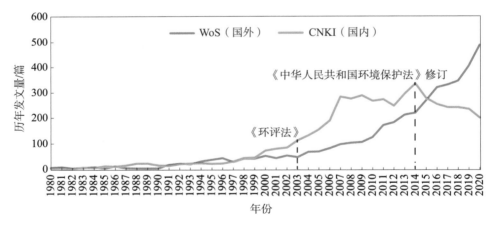

图 1-1　近 40 年国际与国内环评领域研究成果数量分布情况

相较之下，我国环评研究成果数量呈先增长（1980—2007 年）、后稳定达峰（2007—2014 年）、再下降（2014—2020 年）的趋势。

两次快速增长阶段分别为 2002—2007 年和 2012—2014 年。2002 年
10 月 28 日通过、2003 年 9 月正式施行的《中华人民共和国环境影响
评价法》（以下简称《环评法》），确立了环评的法律地位，推动了我
国环评立法处于世界领先水平，促进了环评的研究与实践；2012 年是
《环评法》颁布十周年，在此前后环评界对环评制度进行了回顾、总结
和展望，文献数量又出现了一定回升。

我国在环评研究领域发文总量第一，但国际学术影响力有待进一步
加强。在主要国家排名中，我国论文数量排名第 1（425 篇），美国、
英国数据非常接近，分别排第 2 位、第 3 位（表 1-1）。中心性值越

表 1-1　文献数量排名前 10 的国家

国家	文献数量 / 篇	中心性（排名）
中国	425	0.12（第 6 位）
美国	416	0.31（第 2 位）
英国	415	0.32（第 1 位）
意大利	299	0.02（第 9 位）
澳大利亚	253	0.15（第 4 位）
西班牙	227	0.09（第 7 位）
加拿大	223	0.14（第 5 位）
印度	177	0.01（第 10 位）
巴西	172	0.17（第 3 位）
德国	167	0.06（第 8 位）

高，重要性和影响力越大。我国虽发表文献数量位列第 1，但文献研究的中心性仅有 0.12，在发文量前 10 的国家中排名第 6。美国的文献中心性为 0.31，文章重要性与影响力均高于我国。

分析研究力量可为我国引进学术资源、开展交流合作、评估学术成果等方面提供科学参考。研究表明，中国科学院、清华大学参与国际交流合作频繁；生态环境部环境工程评估中心、南开大学等参与国内合作较多（表 1-2）。国际合著论文排名并列第 1 的为美国西北大学和中

表 1-2　国内外合作文献数量排名分布情况

数量 / 篇	国际合作排名	数量 / 篇	国内合作排名
39	西北大学（美国）	52	生态环境部环境工程评估中心
39	中国科学院（中国）	52	南开大学
32	圣保罗大学（巴西）	25	同济大学
31	利物浦大学（英国）	23	福建省环境科学研究院
31	德黑兰大学（伊朗）	16	中国辐射防护研究院
29	奥尔堡大学（丹麦）	14	复旦大学
26	萨斯喀彻温大学（加拿大）	11	广东省环境技术中心
24	丹麦技术大学（丹麦）	10	煤炭工业太原设计研究院
23	莫道克大学（澳大利亚）	9	广东省环境保护工程研究设计院
21	清华大学（中国）	8	广州市番禺环境科学研究所有限公司

国科学院，均为 39 篇；我国清华大学排名第 10，合作文献 21 篇。 国内合作文献数量排名并列第 1 的为生态环境部环境工程评估中心、南开大学，其次为同济大学。

国外学术界注重理论方法的基础研究，我国侧重实践应用经验总结。 将国内外环评研究重点（关键词词频占比）进行对比（图 1-2），得到以下启示：

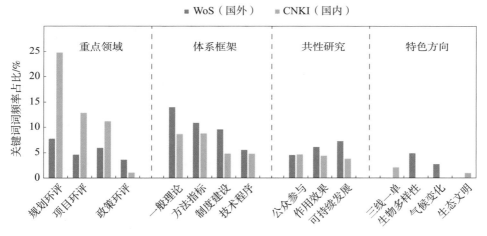

图 1-2　国内外环境影响评价研究重点对比

①国内外学者对"规划环评""项目环评"研究的重视程度整体较高，对环评中"公众参与""作用效果"均开展了一定探讨与反思。

②国际学术界对"一般理论""制度建设""方法指标""技术程序"的关注度均高于我国，对"可持续发展""生物多样性""气候变化"在环评中的融合关注度整体高于我国。

③国外学者在环评学科与相关管理学、社会学的交叉研究方面为环

评注入了新的理论和方法。

④我国较为独特的研究领域是"生态文明"对环评的指引以及生态环境分区管控体系的研究。

以理论和方法研究为例，梳理国际学术界近年来的发文情况，公共管理理论技术方法与环评结合的研究一直颇受重视，如运用于综合决策的复杂性理论（complexity theory）和博弈论（game theory）、处理意见分歧的风险社会理论（risk society theory）、处理模糊情况的模糊关系理论（fuzzy relation theory）、处理不确定性的 D-S 证据理论，以及探究利益相关者间信息共享的知识共生理论等。技术方法研究上也做了较多交叉学科的方法尝试，如用于评估潜在风险的多标准决策分析（multi-criteria decision analysis，MCDA）法、纳入社会效益考量的环境社会影响评估（environmental social impact assessment，ESIA）法、开展可持续性评估的地理信息评估矩阵（geocybernetic assessment matrix，GAM）法，以及评估增量效应的累积效应评估（cumulative effect assessment）法等。

我国环境影响评价演进特征

热点特征分析

利用 CiteSpace 的时间线视图（timeline view）功能，采取对数似然率（log-likelihood ratio，LLR）聚类方法，选取排名靠前的关键词作为聚类标签，形成 11 个关键词聚类（表 1-3），数据平均轮廓值测度较高，达 0.93，说明结构同质性非常高，聚类结果较理想。通过对这些关键词聚类标签进行解析，大致可以将环评的研究特征归为以下几点。

表 1-3　环境影响评价研究关键词聚类

编码	轮廓值	标签	关键词
0	0.906	战略环评	战略环评、公众参与、环评法、战略环境评价……
1	0.917	工程分析	工程分析、化工项目、清洁生产、可持续发展、环境风险
2	0.901	指标体系	指标体系、土地利用规划、评价方法、层次分析法……
3	0.752	环境影响报告书	环境影响报告书、拟建项目、技术改造项目、防治污染、环境保护工作
4	0.955	规划环境影响评价	规划环境影响评价、规划环评、城市规划、工业园区
5	0.923	流域规划环境影响评价	流域规划环境影响评价、环境影响评价报告、水利厅……
6	0.970	污染源	污染源、环评报告书、可行性研究阶段、防护距离……
7	0.973	环境质量评价	环境质量评价、环境保护部门、工业窑炉、专题研究
8	0.986	城市总体规划	城市总体规划、环境影响识别、城市环境质量、环境质量变化……
9	0.998	环境科学技术	环境科学技术、综合防治、环境容量、预防为主、环境保护工作
10	0.966	发挥作用	发挥作用、产生和发展……

　　战略环评反映了环评研究的系统观。 战略环评是相对于项目环评而言的，在我国，政策环评、规划环评均属于战略环评范畴。 例如，区域经济社会发展中长期规划、区域发展综合性规划、专项规划的集合等，一般都具有区域经济发展的战略性作用，针对其开展的环境影响评价属于战略环评范畴。 现在越来越多的学者认为，战略环评需要将研究区域作为一个整体，将资源环境约束纳入经济社会发展统筹考虑。正如南开大学朱坦教授所说，战略环评的核心和目的，是使环境因素与社会、经济等因素一样能在不同层次的决策中得到充分考虑和重视，是为制定科学的决策服务的，是实施综合决策、实现可持续发展的重要工具和手段。

　　工程分析与污染源代表项目环评的技术重点。 我国是全世界唯一拥有联合国产业分类中全部工业门类的国家。 建设项目环评一直是我国环评的"主力军"，通过工程分析，可以回答污染源是否产生的问题。 工程分析是对项目工程特征、污染特征及污染因子进行全面剖析的过程，是污染源产生的环节，是认识建设项目环境影响特征的根本，确定污染源是工程分析的结果，是开展环境影响分析、预测、评价的基础，本聚类下衍生词汇（化工项目、清洁生产、环境风险等）也不同程度地反映了建设项目环评的关键领域与关注重点。

　　指标体系和环境影响报告书代表环评关键技术与分类管理形式。指标体系是环评的核心内容，其可操作性和有效性是开展环评工作的关键。 指标体系构建是环评实践中具有学术特征和技术含量的工作，针对不同行业、不同类型，构建有特征的指标体系，是实践工作的需求。《环评法》第六条规定，国家加强环境影响评价的基础数据库和评价指标体系建设，足以说明指标体系建设的重要性。环境影响报告书是环评分类管理的重要组成部分，需要编制报告书的建设项目，通常都是可能对生态环境有重大影响的。环境影响报告书是工程项目环境论证的基础，也肩负着公众对美好环境的期望。例如，2016 年《环评法》修正后依然保留了对环境影响报告书和报告表项目实行行政审批的要求，也反映了其重要性。

发挥作用这一关键词聚类规模虽小，但代表了环评在新时代的反思。2016 年环境保护部印发的《"十三五"环境影响评价改革实施方案》中明确强调了"以全面提高环评有效性为主线"，提高有效性是环评改革的重点。在我国，目前环评有效性研究还未得到系统、充分的梳理和阐释，已有研究对环评有效性界定不同，对如何判定环评是否有效缺乏科学、合理的标准，对有效性机制的内在规律尚未开展充分研究，存在零散性和片面性。

总体发展态势

结合文献计量分析结果以及我国环评制度发展变化情况，归纳我国环评研究演变趋势如下：

①**在研究领域上**，从单个项目环评向宏观尺度（规划、战略、政策等）环评领域扩展，尤其是"十二五"以来，国家生态环境主管部门组织开展了多轮大区域战略环评以及多领域的政策环评试点研究，探索环

评对象向经济社会发展综合决策更前端（"源头"）延伸，是当前评价对象的关注重点。

②在**指导理念**上，体现了从落实可持续发展理论、科学发展观到生态文明指引的演进，加强生态文明建设须坚持的六项原则为推进环评理论与制度的完善和发展提供了基本遵循。按照生态文明建设需要，深化环评改革、推动环评管理转型，是当前理论研究的新兴方向。

③在**制度建设**上，从完善源头预防体系，围绕"一法两条例"（《环评法》《规划环境影响评价条例》《建设项目环境保护管理条例》）开展制度建设研究，到提升环评制度有效性，健全环评全链条管理，以"跟踪评价""有效性"为代表的环评事中、事后监管机制研究，是当前制度体系建设的研究重点。

④在**技术方法**上，为满足落实空间化、精细化管控要求，探索"生态环境分区管控"研究实践；为支持多目标决策，开展政策环评技术体系研究；为实现"双碳"目标，研究温室气体排放纳入环评的技术方法；为满足环境工程管理需要，探索构建环境工程技术评估体系。目前新兴候选领域较多（图1-3），尚未形成一个新的具有高中介性的关键领域。其中，重点领域的发展趋势如下。

项目环评研究热度下降明显。 共现图谱中最早出现的具有高中介性的单元是建设项目，相关关键词在1986年、1988年突现。经分析，可能与1986年发布的《建设项目环境保护管理办法》、1988年发布的《关于建设项目环境管理问题的若干意见》有关，文件明确了建设项目

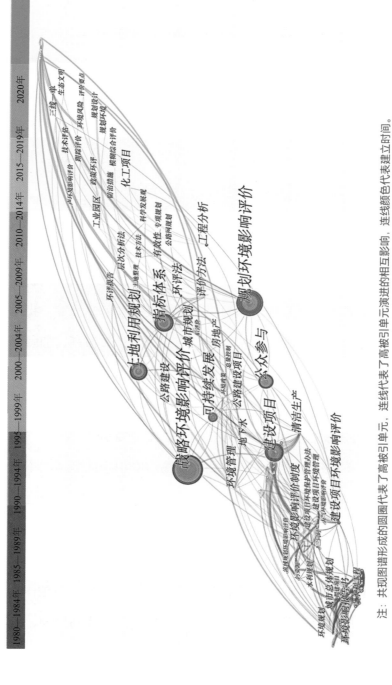

图1-3 环境影响评价研究关键词共现时区

注：共现图谱形成的圆圈代表了高被引单元，连线代表了高被引单元、连线颜色代表建立时间。

环评范围、程序、审批和报告书（表）编制格式，推动了建设项目环评的开展，引发了学者的思考。最初建设项目环评研究与"污染源""三同时""总量控制""清洁生产"等关键词联系紧密，与环评优化调整产业结构、控制污染排放总量的作用密切相关。随着经济发展阶段的变化与环境问题特征的演变，处于决策链末端的建设项目环评，不足以解决区域性、累积性、复合性环境问题，需要更前端的、更深层次的源头预防手段。由此，战略环评等研究逐步受到关注。

随着建设项目环评资质行政许可事项取消，各省（区、市）均在探索简化相关项目环评管理流程，大量国家级和省级环科院所的相关研究人员不再开展项目环评的实践工作，2015 年后建设项目环评研究数量整体呈大幅下滑趋势。在当前深化"放管服"改革背景下，我国每年审批的建设项目环评文件 10 万余件，应用需求依然很高，加强以环评为核心的源头预防制度建设，是完善生态环境现代化治理体系的重要内容。处于项目环评上下游的规划环评与排污许可都在经历革新，当前对项目环评的研究关注度与应用需求不匹配，应加强重视。

战略环评研究热度逐渐降低。共现图谱中中心性最高的单元是战略环评。我国学者自 20 世纪 90 年代开始研究战略环评，经过一段时间的酝酿与积累，战略环评在 2000 年前后开始突现，体现了我国资源与环境约束日益趋紧的大背景下对环境决策工具选择的变化。学者们针对战略环评的概念、内涵、研究进展、工作程序、技术方法、指标体系、应用现状、实践案例，战略环评与其他类型环评的异同，及战略环评在我国与其他国家发展情况的异同等开展了大量探讨。遗憾的是，几经博弈，2003 年施行的《环评法》中未对"战略"和政策开展环评做出要求和规定。

2008 年起我国开展了一系列大区域战略环评实践，这里的"战略"主要是以国家在该区域实施的区域经济发展规划为主体，结合区域内其他重要的经济社会发展规划，是国家和省（区、市）在该区域推进经济发展的"战略"合集（图 1-4）。这些实践以改善环境质量为核心，协调发展与保护的矛盾，提出优化国土空间开发格局及促进区域生态环境保护的长效机制的对策与建议，积累了实践经验，激发了研究热情，研究呈现随战略环评周期波动上升的趋势。集成区域经济社会发展规划开展战略环评，是近年来我国在环评领域最重要的创新，是在宏观层次上推进环境保护参与经济发展决策过程的重要探索。战略环评的研究价值高、难度大，有望成为协调区域或跨区域发展环境问题的重要决策工具。

规划环评是我国环评研究的主流方向，研究持续时间较长。我国环评立法中将规划环评纳入法律体系，抓住了"规划"在我国治理体系中的独特性作用，每 5 年一轮的规划，是国家长期发展战略通过规划编制的持续推进。规划环评的突现时间较长，从 2008 年一直延续到 2020 年，是我国环评研究的主流方向。不同时期我国规划环评的关注点随我国国情与政策背景的变化而变化。2002 年以前，我国尚没有规划环评的概念，规划、政策、战略的环评都在战略环评框架下开展

关键词	突现强度	开始时间	结束时间	1980—2020年
环境影响报告书	12.68	1980年	1993年	
建设项目环境保护管理办法	4.79	1986年	1997年	
污染源	4.52	1986年	1995年	
建设项目环境影响评价	6.95	1988年	1995年	
建设项目环境管理	6.43	1988年	1999年	
"三同时"	5.24	1988年	1995年	
总量控制	4.16	1996年	2003年	
可持续发展	25.78	1998年	2005年	
战略环境评价	61.3	2000年	2007年	
环境影响评价制度	7.86	2000年	2005年	
清洁生产	8.62	2002年	2015年	
环评法	6.53	2002年	2009年	
技术方法	4.51	2004年	2011年	
土地利用规划	19.59	2006年	2011年	
房地产	12.15	2006年	2013年	
规划环境影响评价	40.84	2008年	2020年	
城市总体规划	6.77	2008年	2017年	
工业园区	7.96	2010年	2017年	
有效性	5.85	2012年	2020年	
评价方法	4.11	2012年	2017年	
地下水	12.79	2014年	2020年	
环境风险	5.21	2014年	2020年	
技术评估	5.17	2014年	2020年	
电网规划	4.7	2014年	2020年	
评价要点	4.7	2014年	2020年	

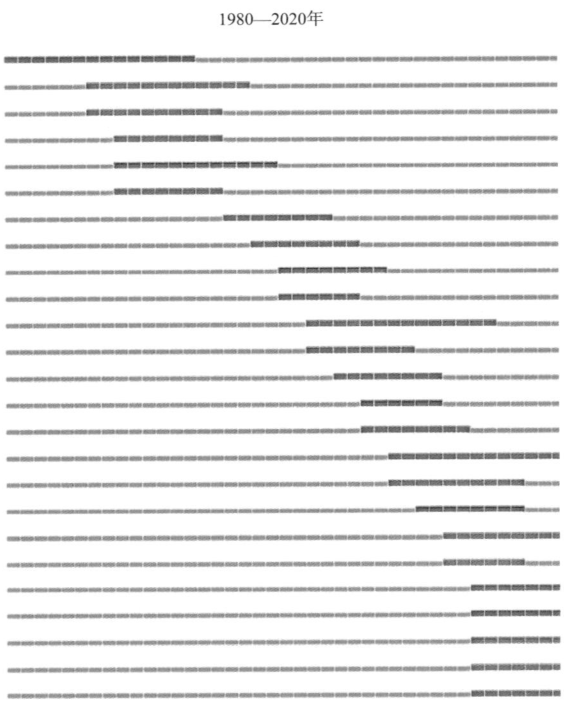

注：突现强度值越大，代表关键词在该时段内研究热度增长越快。开始时间、结束时间分别代表关键词突现开始、突现结束的时间。时间轴中红色片段代表关键词研究爆发增长阶段。

图 1-4　环境影响评价研究突现图谱

研究；《环评法》确立了规划环评"一地三域、十个专项"的评价范围，奠定了近 20 年规划环评实践与研究的基础。从 2003 年《环评法》施行至 2009 年《规划环境影响评价条例》(以下简称《条例》)颁布前的几年，规划环评还只是环保部门试点探索的环境管理制度，直到《条例》发布前才突现，且针对专项规划的规划环评技术方法研究并不多。

"十三五"期间，随着排污许可、生态环境分区管控等相关制度的建立，学者们开始关注项目环评、规划环评、排污许可、生态环境分区管控各自的定位和相互联系。对标《条例》的要求，我国当前规划环评开展得还不充分，结合当前国家规划体系的改革，在新的规划体系下，如何实现规划环评对区域和流域的整体性、长远性环境影响源头的预防，还需开展新的实践和方法研究。

与此同时，对发挥的作用较大、实践经验丰富、潜在环境影响较大的产业园区规划环评及空间范围大、评价对象复杂、资源环境问题集中的城市群、都市圈、城市新区（新城）等新空间载体的环评探索均有一定的需求与应用价值。

小结与启示

①我国环评经过 40 多年的演进，已经形成较为成熟的体系，具有一定的研究力量和丰富的研究成果，走出了一条具有中国特色的发展道路。环评的作用已从预防建设项目环境污染、加强区域环境管理上升到参与发展综合决策、促进绿色高质量发展的高度。作为国际上公认的推动可持续发展的政策工具，国外学术界对环评的关注度始终保持攀升状态，而我国环评研究则整体呈下滑趋势，这一现象值得重视。当前研究投入较高，但成果转化率持续走低，一定程度上制约了环评制度的纠错能力与创新能力。

②我国环评经历了学习国外经验并逐渐本土化的模仿阶段，夯实理论、方法、制度的探索阶段，目前已经进入了反思、融合、创新的改

革阶段。当前我国环评研究中对生物多样性、气候变化等因素的考虑，对累积影响评价技术的探索，以及对经济和技术政策环境评价的顶层设计等方面依然不足。应以更加积极、主动的姿态融入生态文明建设过程，开展基于复杂系统、学科融合的环评系统理论研究，尤其是从公共管理角度加强研究，加强对价值判断的科学界定，支撑决策科学化、规范化、民主化。

③我国区域性、整体性、系统性发展问题的解决与污染治理经验丰富，大区域、多层次、多行业的环评实践经验丰富。这些经验值得被总结，也值得被记录。未来，一方面，需持续创新本土技术，完善技术逻辑，不断创新，形成具有"中国特色、世界一流"的环境影响评价体系，助力经济发展与环境保护"双赢"；另一方面，总结我国环评实践经验，并将其推广到国际，不断提升我国环评在国际学术界的话语权，突出其"继承性、时代性、系统性、专业性"，讲好中国故事，为生态文明和美丽中国建设保驾护航，为共建绿色"一带一路"发展保驾护航，为构建人类命运共同体保驾护航。

战略政策

政策建议

理论探索
实践先河

理论方法
技术体系

环境
影响
评价

项目
审批

项目

第二章

本义　理论、技术与方法

　　环境影响评价是一门自然科学与社会科学交叉、管理与实践相结合的综合性学科。40 余年来，为适应国家经济社会发展与经济体制和行政管理体制改革需要，我国环境影响评价研究围绕制度管理和实践需求展开，经历了学习—实践—理论—再实践的发展和螺旋式上升过程，形成了具有中国特色的环境影响评价理论与技术框架。本章以可持续发展目标为引导，以全新视角、系统性思维，论述环境影响评价的逻辑"三部曲"，环境影响可接受水平的"三准则"，基于复杂系统环境承载的"三条红线"等理论与方法，志在抛砖引玉，推动新时代面向生态文明建设的环境影响评价理论与方法创新发展。

环境影响评价科学逻辑"三部曲"

识别与界定环境影响

识别环境影响，是通过对开发建设活动建设期、运行期、关闭期全过程的资源消耗、环境影响和生态破坏进行分析，辨识环境影响因子、影响对象、影响方式、影响途径，并界定环境影响的显著程度，筛选出关键影响因素以及需主要关注的环境议题。环境影响识别与界定是确定环境影响评价工作重点的重要环节，是预测和评价的前提，是评价工作成败、质量优劣的关键。

环境影响识别需要考虑的影响对象包括自然资源、生态系统、环境介质和社会环境等。环境影响方式在空间尺度上，包括全球性影响、区域和流域性影响、局地（当地）影响等；在时间尺度上，包括短期影响、长期影响；在影响特征上，包括直接影响、间接影响、可逆影响、可修复影响、累积影响、复合影响等；在影响途径上，需要考虑通过不同环境介质之间的迁移—转化—归宿全过程。

在项目环评层面，我国已经建立了一套比较完善的识别和筛选环境影响的技术导则体系。在规划环评层面，规划环境影响的空间—时间尺度具有一定的复杂性，一般与污染物的基本属性特征和在环境中的迁移—转化—归宿规律有关，如何从空间—时间维度识别累积环境影响是规划环境影响识别的技术难点。例如，温室气体进入环境后不易与其他物质发生反应，能长期留存在大气中，具有极长的寿命，可以持续对外环境造成影响，导致大气层臭氧消耗的氯氟烃和哈龙在低层大气中的反应活性有限，但它们可以在高层大气中开始一系列持续多年的反应，其影响是全球性的，与污染物排放的发生地点基本无关，对于这类影响更多的是识别其是否产生和排放。

规划环境影响评价重点关注区域性战略环境问题，识别整体影响和长远影响，是准确分析、预测评价及优化调整规划方案的技术基础。整体影响识别是以全局性视野为基础进行识别、界定，规划所在区域和相关区域可能存在的不良影响，以及区域内其他开发建设活动产生的相同影响的累加，尤其是重大不良影响；长远影响识别是以全生命周期为理念的识别、界定，规划相关活动过去、现在和可预见的未来产生的影响在时间上的累积，包括既有开发建设活动的持续影响、规划拟开发建设活动新增的环境影响，及两者的累积效应。

规划层面需从时间和空间上识别累积影响，包括生态环境和人居环境的累积影响等。往往是单一活动产生的影响不那么显著，但与其他开发建设活动叠加后，可能就属于显著的重大不良影响，或是初期的环境影响和生态退化表现不明显，随着时间的推移，累积效应十分显著。而且除专业技术外，累积影响与评价者判断也有关，尤其是在非污染类影响、时间累积、跨界远距离传输影响等方面。因此，规划环评仍需综合考量各利益相关方、专家和管理部门的意见与建议。

预测与评价影响程度

预测环境影响，是通过一系列适用、可行的预测技术方法，研究人类经济活动对自然生态系统的"压力—状态—响应"特征与变化规律，分析判断、预测拟议经济活动的环境影响途径、影响受体的方式和可能的影响程度。预测一般采用定性、半定量、定量技术方法。所有的预测结果应当是可评价、可监测和可检验的。环境影响预测涉及多种环境要素，包括大气环境、地表水、地下水、土壤、生态（动植物及其生境）等。预测与评价可以解决潜在环境影响程度和可接受水平的问题，是理性与客观的。

对于涉及主要污染物和特征污染物排放的经济活动，基于污染物在自然环境中的迁移、转化、归宿规律，进行分析或采用模型模拟预测对受体的环境影响程度，如流体力学模型、高斯扩散模型、声波传播模型、土壤和地下水迁移转化模型等；对于涉及非污染类的经济活动，需要分析、预测生态系统的生态功能、生态价值的影响程度等。

在项目环评层面，我国已经建立了比较完善的预测与评价技术体系，许多技术方法原则上适用于规划环评。与识别环境影响面临同样的困境，规划环境影响中具有整体性和长远性的影响预测及可量化、可比较的评价方法，目前依然是技术上的短板。一般情况下，规划方案的详细程度与建设项目工程设计的详细程度相比差距较大，尤其是能够用于定量预测的信息往往不足，这就使得规划环评的预测结果往往具有更大的不确定性，现在通行的做法是通过不同情景设计来"框住"可能的开发活动。

评价环境影响通过运用一系列量化的指标、标准，评价预测环境影响或环境风险的可接受程度，包括自然环境和社会环境的可接受程度。环境影响的可接受水平是一个重要、敏感的议题。哪些影响属于重大不良生态环境影响？环境影响的可接受，涉及环境政策与标准、生态环境承载力和恢复能力（弹性），以及生态环境价值判断。

评价过程包括确定评价因子和确定评价目标。量化指标、标准的选择与取舍，以及环境影响或环境风险可接受程度的确定，既要遵循环境基准标准、生态系统阈值的约束，也要符合社会公众环境价值与共识，还要体现经济社会发展与环境保护协调发展的宏观要求。

对于区域层面的重大不良生态环境影响评价，往往是一些综合性的考量。专栏2-1给出了规划层面判定重大不良生态环境影响的一般性表述。如构建生态系统环境和人居社会环境脆弱性评价体系，以便判断规划实施是否构成区域显著性影响或重大不良影响，并给出明确、可比较的评价结果。

如何通过评估指标表征区域层面的重大不良生态环境影响？如何构建综合评估指标体系，确定环境影响显著性分级？笔者认为，鉴于自然生态系统的复合性和复杂性，在目前的技术水平下，确定所有资源环境可承载阈值，在大多数情况下是相当困难的，但仍可在一些领域进行尝试。例如，人居社会脆弱性或健康影响程度可以用长期暴露在大气污染环境下的人口规模、弱势群体来表征。水生态系统脆弱性或健康程度可以用河流水质退化、湖泊富营养化等指标来表征。

专栏 2-1　判定重大不良生态环境影响需考虑的因素

1. 导致区域环境质量、生态功能恶化的重大不良生态环境影响，包括规划实施使评价区域的环境质量下降（环境质量降级）或导致生态保护红线、重点生态功能区的组成、结构、功能发生显著不良变化或导致其功能丧失。

2. 导致资源利用、环境保护产生严重冲突的重大不良生态环境影响，包括规划实施与规划范围内或相邻区域内的其他资源开发利用规划和环境保护规划等产生的显著冲突，规划实施可能导致的跨行政区、跨流域以及跨国界的显著不良影响。

3. 导致人居环境发生显著不利变化的重大不良生态环境影响，包括规划实施易导致生物蓄积、长期接触对人体和其他生物产生危害作用的无机和有机污染物、放射性污染物、微生物等，在水、大气和土壤等主要环境介质中污染水平显著增加，农牧渔产品污染风险、人群健康风险显著增加，人居生态环境发生显著不良变化。

对策与措施方案提出

对策与措施是为了将拟议开发活动的不良环境影响或环境风险限制在自然环境、社会环境可接受范围内，并给出避免、减缓不良环境影响的方案。提出的对策与措施要体现"三服务"的基本要求，即服务开发建设活动决策、服务环境保护管理要求、服务利益相关者的核心环保诉求。

对策和措施应与不同层级开发建设方案自身的详细程度匹配。减缓环境影响的对策与措施包括对拟议开发活动的优化调整方案，以及减轻不良环境影响的污染防治对策和工程措施。建设项目层面上的对策与措施，聚焦在项目选址、生产工艺、污染物处理与排放等方面，基于现有的法律法规、标准、政策和经济技术条件提出可操作的具体对策与工程措施；在战略（政策、规划）层面上的对策与措施，针对规划影响范围内区域性、流域性的环境问题，以及复合性、长期性、累积性环境影响，需要从经济结构、产业规模、布局、技术水平等方面着手，提出与规划层级相匹配的规划建议和减缓措施。

对策与措施应具有技术、经济可行性，符合绿色循环低碳发展要求。减缓环境影响的对策措施应遵循循环经济理论和技术方法，要从经济社会发展端入手，以提高资源利用效率，优化区域产业结构为目的。这种做法在规划环评实践中有着广泛的应用。例如，基于规划产业在资源环境绩效、废物资源化利用方面，与区域环境保护、节能减排要求的差距分析，以及基于规划产业循环经济产业链的完整性和合理性分析，为规划的产业优化调整及规划实施的环境管理提供建议。

判定环境影响可接受水平"三准则"

准则Ⅰ：一致性

不论哪个层级制定的政策、规划、建设项目，都需要与现行相关法律、法规、标准、各类法定保护地和环境功能区划（或分区）的相关要求进行一致性分析。开展规划环评的协调性分析、项目环评的符合性分析，就是要确保拟议的开发建设活动符合国家和地区相关要求，与其他规划在空间布局、资源开发利用和环境保护上相协调。

在空间布局上避免与主体功能区划、各类保护区、生态保护红线等生态功能区的保护要求发生冲突；在资源开发利用、生态环境保护上避免与相关规划的约束性要求产生重大冲突，或影响生态环境保护目标的如期实现。其中，环境符合性分析是指将环境影响特征或资源需求特征的同层位规划一起分析实施后的累积影响、资源需求等的支撑能力，如考虑城市规划、产业规划等共同实施后对水资源、水环境的影响，以及区域水资源、水环境容量对这些规划的支撑能力。一致性是"三准则"里面相对容易理解和操作的判定原则。

准则 2：可承载

"天之所覆者虽无所不至，而地之所容者则有限焉。"资源环境承载力作为衡量发展方式和发展规模的重要依据，在维护生态系统功能不被破坏、让生态系统处于可恢复状态的前提下，确定能够开发多大强度，这是环评需要考虑的问题。资源环境可承载是判断环境影响是否可接受的一个重要准则，包括区域生态环境功能区和环境质量达标，拟议的经济建设活动对环境的影响应限制在**资源环境承载能力内，或资源环境总量控制指标内**，生态系统对不良环境影响具有相应的修复能力，减缓环境影响的措施应在技术经济上可行。区域环境功能区不达标或重要生态系统退化，是环境超载的直接证据。对于环境超载区域，应当优先优化调整与超标因子排放相同、相关污染物的拟议开发建设活动。

环境影响可接受应基于生态环境功能区和环境质量达标的资源环境可承载。 区域的环境质量状况，以及区域环境质量改善目标要求已成为环境影响评价的重要衡量标准。2017 年修订的《建设项目环境保护管理条例》规定：所在区域环境质量未达到国家或者地方环境质量标准，且建设项目拟采取的措施不能满足区域环境质量改善目标管理要求，环境保护行政主管部门应当对环境影响报告书、环境影响报告表作出不予批准的决定。环境保护管理部门对重点污染物排放总量超标的区域实行建设项目限批，理论上体现的正是环境影响可承载准则（专栏 2-2）。

在确定的环境质量目标下，预测的污染物排放没有超出剩余可用环境容量，则认为环境影响是可承载的。这里所指的"剩余可用"，是指在扣除环境本底和预留安全余量后剩余的容量。安全余量是指考虑污染负荷和环境质量之间关系的不确定因素，为保障环境质量稳定达标而预留的安全负荷量。由于评价者对安全余量的考虑不同，最终给出的允许排放量也不相同。是否预留安全余量，预留多少的安全余量，带有一定的主观性，但对项目是否可行将产生关键影响，这也是导致环境承载力测算没有形成权威做法的一个表现。

专栏 2-2　环境超载区域实行建设项目"区域限批"

《规划环境影响评价条例》中规定："规划实施区域的重点污染物排放总量超过国家或者地方规定的总量控制指标的，应当暂停审批该规划实施区域内新增该重点污染物排放总量的建设项目的环境影响评价文件。"笔者认为，规定包含以下三点内涵：

① 规划设定的规模和建设强度（产生重点污染物的区域），应当在区域生态环境可承载能力（或环境容量）之内；

② 在生态环境容量超载的区域，应当优先解决既有生态环境问题；

③ 应当考虑过去、现在和合理且未来可预见的对区域生态环境的整体影响。

案例：2007 年 1 月 10 日，第三次"环评风暴"掀起。河北省唐山市、山西省吕梁市、贵州省六盘水市、山东省莱芜市 4 个行政区域和大唐国际、华能、华电、国电四大电力集团的除循环经济类项目外的所有建设项目被国家环境保护总局停止审批。这是国家环境保护总局及其前身成立近 30 年来首次启用"区域限批"行政手段。"区域限批"是基于区域资源环境承载力理论，在环

评领域首次提出的管理要求。"区域限批"机制建立了区域规划环评与建设项目环境可行性之间的有机联系，在促进区域流域经济社会可持续发展层面上，考虑过去、现在（正在进行的）和拟建项目的累积环境效应。区域的开发建设规模和强度应当限制在生态环境承载能力之内，对环境污染严重、生态环境恶化的区域，应当优先、及时解决既有生态环境问题或缓解不良生态环境影响。

过去很长一段时间，建设项目环评层次常见的做法是对单个建设项目污染的贡献值叠加背景浓度后与标准进行比较，基本不涉及区域环境容量。由于多部门间决策信息的不对称，环境信息更新不及时，特别是"两高"产业发展呈现"空间集聚"和"时间挤压"双重压力，突破区域环境承载力致使区域环境质量不达标。在化解发展与环境保护的矛盾中，环评虽然在单个项目中通过"以新带老""区域替代"等做法实现"增产不增污"，甚至"增产减污"，以期在解决环境问题现状的同时保障经济社会持续发展，但解决积累性问题技术方法不足也限制了它的作用。

环境影响可修复。一个开发建设活动生态破坏的恢复周期较长或永久性的生态破坏，可以被认定为是不可接受的活动。开发活动施工或运行期造成的生态破坏不突破生态系统韧性（生态系统韧性是生态系统所拥有的预期、化解外来冲击，并在危机出现时仍能维持其主要功能运转的能力），并在一定时期内可自然恢复，或使用具有经济技术可行的修复技术后可修复，区域内具有重要保护价值的生物多样性物种不受扰动。

对于生态类环境影响的可承载性，在判断时需要特别注意，即便是同样的生态破坏，在不同的生境条件下，其可修复性不同，可承载判断也不相同。例如，在南方气候适宜地区造成的土壤剥离，随着一场大雨的浇灌，很快就会长出植被，覆盖裸土；而北方干旱荒漠区的植被，一旦被破坏将难以恢复。

减缓措施技术经济可行。 科学技术是环评的基础，但仅仅有科学技术并不能决定此项开发行动是可行的，还必须考虑经济可行性。不具有技术经济可行性的措施、技术不稳定影响治理效果或存在投入经济成本过高，项目长期运行负担不起的问题，这些情形都会导致治理措施不能长期、稳定运行。技术经济可行应是环境影响评价提出污染治理和修复措施的前提。过去有些项目环评中，由于没有适当的排水去向，为了项目实施，建设单位承诺废水"零排放"，事实证明这种要求很多时候不具技术经济可行性，最终反而导致环境影响加剧。

准则 3：可持续

可持续发展是既满足当代人的需求，又不对后代人满足其需求的能力构成危害的发展。将发展与环境有机结合为一个整体，在发展社会经济的同时，将生态环境保护作为最基本的目标之一，也作为衡量社会经济发展质量、发展程度和发展水平的重要标准之一。可持续发展观的基本原理可分为四点：①公平性，即机会选择的公平性。可持续发展的目标不仅要实现当代社会之间的公平，也要实现当代社会和未来社会之间的公平。②持续性，即环境和生态系统受到破坏和影响后仍能保持可持续发展的能力，需要人类依据可持续发展的要求调整消耗标准，改变生活方式。③高效性，强调对经济生产要素进行合理有效配置，达到有形和无形的优化组合，并根据人们的基本需求得到满足的程度进行衡量。④和谐性，即人与人之间、人与自然之间的和谐。

环境影响评价是促进可持续发展的工具，促使拟议经济建设活动的环境影响最小化、资源环境与经济代价最小化，是平衡短期利益与长远利益的重要手段，实现能源资源节约与低污染、无污染的未来，是环境影响评价的追求。实现可持续发展目标是《中华人民共和国环境影响评价法》（以下简称《环评法》）的要求，即在评价全过程贯穿可持续发展理念。

在规划环评层面，要以高质量发展为导向，树立资源环境保护的新标杆。从决策源头实施污染超前控制，寻求社会、经济、环境多系统利益最大化，有序开发利用资源，维护生态安全，兼顾社会公平，统筹局部和整体、眼前利益和长远利益的原则及要求，实现人类社会经济与环境之间的协调发展。预留安全余量被认为是可持续发展理念和代际公平在环评中的重要体现。

在项目环评层面，对建设项目的产业类型、技术工艺和技术水平等提出指导性和限制性要求，采用能耗物耗小、污染物产生量少的清洁生产工艺，合理利用、节约资源，在生产原料、生产工艺、产品选择上避免生产和使用持久性不可降解的化学物质，产品废弃后易再生、易处理。

基于复杂系统环境承载的"三条红线"

从累积性环境影响说起

资源环境承载力为某一时期、某一区域、某种状态下资源环境对人类社会经济活动支持能力的阈值。承载力的大小可用人类行动的方向、强度和规模等表示，是衡量人类经济社会生活与自然环境之间相互关系的重要概念。从环境影响评价的视角来看，资源环境承载力是资源、生态系统维持其结构和功能所能承受的最大压力，包括其对压力的抵抗力和恢复力。

随着区域资源环境对社会经济活动的约束趋紧，人们越来越关注一个区域、流域整体性、长远性影响，为解决这个问题，必须从累积影响角度来分析环境问题。人类活动对自然生态系统的影响其累积效应是由空间上的集聚和时间上的堆积引起的。空间上的集聚是多个同类型的污染源在同一空间内共同造成影响的叠加。时间上的堆积是生态系统还没有从上一次的干扰和影响中恢复，再次受到类似的干扰和影响，造成影响的累积。也就是说，累积影响可以是单一经济活动、多项经济活动的叠加效应和交互作用的总和。

在资源与生态系统的相互作用下，环境影响累积的后果可能是增效、抵消或协同。有学者在1987年将人类活动产生累积影响的基本途径分为以下四类（图2-1）：

途径一：单项活动在环境系统中持续加和，彼此无相互作用。

途径二：单项活动在环境系统中持续加和，且包含相互作用。即各个影响按线性关系进行简单的叠加，累积影响等于各单个影响之和。例如，农业灌溉、生活用水和工业冷却用水均能引起地下含水层水位降低。

途径三：两种或多种活动通过加和的方式引起累积影响，如CO_2等温室气体在大气中都有各自不同的化学过程，但结合起来共同产生温室效应。

途径四：多种活动通过协同作用引起累积影响，这种累积影响要大于简单加和引起的累积影响，如氮氧化物、碳水化合物和紫外线通过复杂的化学反应产生光化学烟雾。

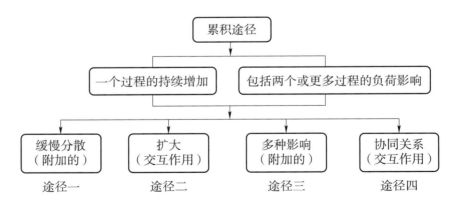

图 2-1 产生累积影响的基本途径

累积影响的类型：通过 20 多年的研究，许多学者将累积影响分为八种类型（表2-1）。

表2-1　累积影响的类型、特征和示例

序号	类型	特征	示例
1	时间拥挤	对环境频繁和重复的影响	森林采伐率超过系统再生能力
2	时间延滞	延迟效应	暴露于致癌物
3	空间集聚	空间高密度排放对环境系统影响	由非点源排放到河流的污染物
4	跨界	影响发生在远离污染源的地方	酸沉降
5	破碎化	景观格局变化	历史街区破碎化
6	复合效应	来自多源与多途径的影响	杀虫剂之间的协同效应
7	间接效应	二次影响	高速公路建设后的商业开发
8	诱发与阈值	系统行为或结构的本质变化	全球气候变化

累积影响分析方法：在复杂系统下，运用因果关系分析理论，建立"压力—过程—响应"模式是识别累积环境影响的一种新尝试。因果关系分析是运用逻辑推理的方法，考虑作用机制（机理）、反应过程，建立原因与结果之间的关系；通过原因的变动，预测并推断即将产生的结果。"压力—过程—响应"模式将人类活动的压力（源）视为原因，生态环境系统的响应视为结果，压力作用的机理、途径和转化等视为过程，包含原因、过程和结果的完整信息，用来描述累积效应研究中的多

重因果关系、交互过程和时间、空间变量效应。

需强调的是，在因果关系分析上应关注历史数据，从历史发展视角出发。一般监测或观察到的环境污染问题或生态退化，大多是生态系统对多种类型压力源综合作用的持续响应和各种环境影响累积的总和，并且它是随时间变化的。环境影响的时间变化趋势取决于环境影响受体的脆弱性、可恢复能力（或弹性）。回顾性分析评价（历史数据序列＋因果关系分析）是针对区域面临的主要环境污染或生态环境退化，采用溯源推理，分析累积影响与各压力源之间的因果关联，可以确定累积影响的现状和主要压力源，及其影响途径和作用机制。压力—响应的趋势数据，可用于评估或验证生态环境系统脆弱性和可恢复能力，帮助确定环境基线和压力阈值。

系统的作用是复杂的，理论上所有的人为活动，每一对因果关系在一定程度上都对系统产生作用，但是哪些压力源是环境损害或累积影响的主因？在复杂的关系中寻找和抓住主要矛盾与矛盾的主要方面，是累积影响因果分析的重要任务。即运用环境影响识别基本原理将拟议的经济建设活动内容按照一定原则分解、构造潜在压力源清单，识别压力源；清晰描述压力源作用于环境的途径和过程；分析评估作用于受体的影响程度，确定哪些资源生态环境要素是造成累积影响的主要因素或潜在主要制约条件。在规划环评中，针对区域累积环境影响的预防和管控，要以实现区域经济－环境综合效益最大化为目标，抓住造成重大影响的主要因果路径，"对症下药"，制定对策和措施。

复杂巨系统的污染源头控制

复杂巨系统下环境影响评价作用机理

区域性环境是一个高度开放、多层次、多重嵌套型的自然生态—社会经济复杂体系（复杂系统的系统）。该复杂体系各类要素相互依存、互惠共生、协同进化，形成一个具有整体性的"人与自然生命共同体"；该复杂体系具有高度开放性，多地分布式、多源污染物在这一开放空间内迁移转化，并经过多时空尺度演化形成了区域性、累积性、复合性污染，因此，区域环境污染本质上是区域社会经济复杂系统宏观行为的整体涌现；环境治理一定意义上体现了对人的行为、价值、偏好、利益观、价值观与科技创新、社会经济发展模式的综合性管控与重构。

因此，治理策略既要有物理层次的环境保护与改善工程，也要有社会层次的人的社会行为与生活方式的变革，还要有生产方式、产业结构、科技发展的创新，而不能仅以行政性、工程性、技术性思维来改善环境质量，更应在高水平环境治理与高质量经济发展整体协同思维的引导下，确立整体性与全过程破解污染复杂性、整体性的协同治理原则，对环境污染实施整体治理、本质治理与源头治理。

环境问题产生的根源从自然观、认识论角度来看，就是人类运用错误的理论思维指导自身处理与自然、与环境关系的一个必然结果。机械论自然观、主客二分论、认识论思维支配下，现代科学及工业的发展取得了辉煌的成就，同时也被指摘是造成现代生态环境危机的深层思想根源。

　　复杂巨系统理论让我们重新认识世界。我们生活的世界并不是一个个元素简单的堆积，而是由一个一个复杂系统构成的复杂巨系统，具有整体不可还原性。按照复杂巨系统理论，世界上存在各种各样的系统。从系统的本质出发，若系统复杂且层次结构多、子系统数量和子系统种类多，且子系统间相互作用关系复杂，就被认为是复杂巨系统。其特点是规模巨大，元素或子系统种类繁多且本质各异，相互关系复杂多变，存在多重宏观和微观层次，层次之间关联复杂，作用机制不清。一个开放的复杂巨系统的主要性质可以概括为：① 开放性。系统对象及其子系统与环境之间有物质、能量、信息的交换。② 复杂性。系统中子系统的种类繁多，子系统之间存在多种形式、多种层次的交互作用。③ 进化与涌现性。系统中子系统或基本单元之间的交互作用，从整体上演化、进化出一些独特的、新的性质，如通过自组织方式形成某种模式。④ 层次性。系统部件与功能上具有层次关系。⑤ 巨量性。数量极多。

　　基于这种思维范式，将环境影响评价放在复杂巨系统下重新认识其作用机理，有助于更好地认识和拓展环境影响评价工作。

　　首先，环境影响评价与社会经济发展衔接最紧密，其评价对象和范围涉及社会子系统、经济子系统、环境子系统和资源子系统，几个子系统内部及子系统之间相互联系、相互作用、环环相扣。各子系统依照其自身演化规律，通过交互作用，不断进行能量和物质交换。属于复杂巨系统范畴。

（1）社会子系统的主体是人，包括政府、企业、社会团体等，可以出台政策法令，开展组织管理，宣传思想文化，进行科技教育，保障经济发展；可以从资源子系统获取水、土等来保障生存，从环境子系统获取清洁空气等，从经济子系统获取生产生活必需品。同时，社会子系统为经济子系统提供了人力，消耗资源子系统的资源，给环境子系统带来污染与生态破坏。

（2）经济子系统涉及生产、加工及供销，具有生产、消费、流通、还原、调控能力，可以产生经济效益；可以将资源子系统和环境子系统利用起来，为发展服务，把自然界的物质和能量转化为人类所需的产品，如从资源子系统获取矿产、能源等生产要素。同时，可以为社会子系统提供资金保障与就业岗位，维持社会稳定，消耗资源子系统的资源，也会给环境子系统带来污染与生态破坏。

（3）资源子系统，从以人为中心的概念出发，自然资源的含义为在自然环境中发现的一切元素，只要能以任何方式为人类提供福利，就属于自然资源，是具有社会效用和相对稀缺性的自然材料或自然环境的总称。这就决定了对人类来讲，资源子系统的核心功能就是资源供给功能，为经济子系统和社会子系统提供能源资源支持，也会因人类的开发活动而产生污染或带来生态破坏。

（4）环境子系统，从以人为中心的概念出发，环境子系统是人类生存和活动所依赖的周围一定范围内的客观实体。在这个系统中，各要素本身又有其演化规律，通过交互作用，不断进行能量和物质交换。

这也意味着对人类来讲，环境子系统的核心功能就是发展空间供给，为经济子系统和社会子系统提供发展的空间，同时要承受经济子系统和社会子系统带来的污染和破坏。

在这个复杂巨系统中，经济子系统（资本）和社会子系统（权利），本质上具有相同的扩张属性，即只要没有足够的约束，就会为了自身利益最大化而扩张。而资源子系统和环境子系统的本质是稀缺，即人类赖以生存的陆地面积及其承载能力是有限的。

随着科学技术的进步，生产力大幅提高，人类改造自然的速度加快，人类活动的强度在某些方面已超过资源与环境子系统正常运转的作用强度（资源环境承载能力），在争夺少量、有限的资源时会出现资源的非优化配置情况，如不采取一定措施，必将打破原有的平衡，导致生态环境质量不断下降、自然资源危机加剧、资源和环境子系统无法支撑社会子系统和经济子系统的发展，最终导致整个复杂巨系统运转紊乱，甚至在短时间内发生全局性的瘫痪。

这时，人类社会必然要采取手段去协调人与自然环境之间的关系，使社会经济系统的运行能力不超出生态环境系统的承载能力。复杂巨系统内部结构会随着时间变化，这个调节系统关系的举动不能在人类活动开展之后，必须建立一个对人类活动有针对性的事前调控工具，对自然—社会—经济复杂信息传递过程进行科学调控，以期实现可持续发展的目的。**环境影响评价就是这样的一个工具。**

首先，回答环评通过何种方式对复杂巨系统产生影响。环评就是在认识复杂巨系统内各个子系统间相互作用关系的基础上，摸清系统内部各个子系统的自身演变规律和与其他子系统的互动规律。经济社会发展状况、生态环境现状及区域资源禀赋不同，子系统之间的互动规律就不同。其次，把拟定的人类活动输入这个复杂巨系统，按照子系统间的互动规律，模拟和评估资源、环境、社会等子系统的响应关系，以环境子系统可恢复、资源子系统可支撑为依据，判断开发活动是否打破了系统的平衡，当这种活动打破了系统平衡时需进行调控；以维护系统

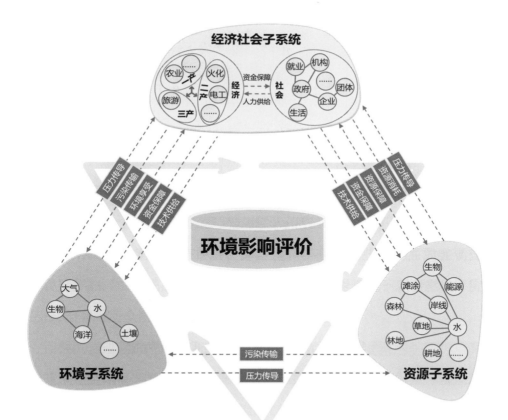

图 2-2 环评嵌入复杂巨系统的作用规律

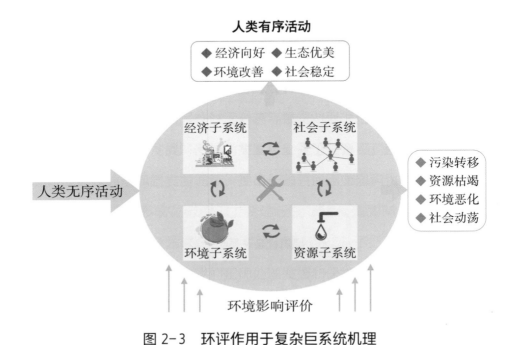

图 2-3　环评作用于复杂巨系统机理

长期有效运转为目标，提出控制开发活动规模，优化资源分配、优化开发布局等调控措施，约束经济子系统的开发活动，使这个复杂巨系统中资源能源消耗降低、污染物排放量减少，生态环境优美，社会经济稳定，最终形成一种良性循环（图 2-2、图 2-3）。

"三条红线耦合"的污染源头控制理论与模型

基于上述认知，资源子系统和环境子系统的平衡容易被经济子系统和社会子系统的输入打破，处于被动消耗和被动承接的状态，需通过一种调控方式使资源子系统和环境子系统由被动变主动。因此，结合子

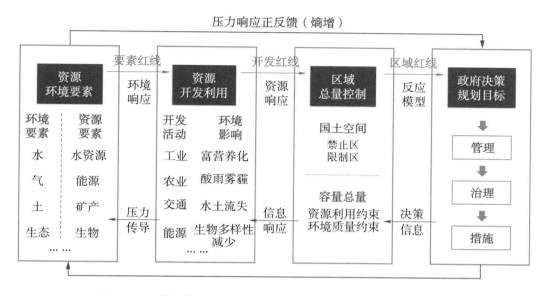

图 2-4　基于复杂巨系统的"三条红线"污染控制理论

系统之间的相互作用规律，提出"要素红线—开发红线—区域红线"
三条红线理论（图 2-4）。其中：

（1）要素红线：依据资源子系统、环境子系统相互作用提出。区
域资源子系统和环境子系统间的相互制约。例如，能源利用影响大气
环境，是资源子系统对环境子系统的作用；再如，水资源开发导致水环
境容量降低，水环境污染后又会反馈到资源子系统，导致水质性缺水。
系统分析水资源、能源、土地资源等多种资源，以及水、气、土（固体
废物）、生态等多种环境要素，要素红线为区域资源利用和环境保护需
实现的目标指标。

（2）开发红线：基于资源子系统可持续的角度，约束经济子系统、
社会子系统而提出。从资源可支撑角度出发，提出区域未来发展的各

类行业能耗、水耗等准入要求，引导经济子系统、社会子系统优化资源配置，提高资源利用效率等。黄河中上游地区水资源短缺，其发展思路需"以水定城、以水定地、以水定人、以水定产"，本质上就是以资源可支撑角度约束各类开发建设活动的表现。

（3）区域红线：基于环境子系统的保护角度，约束经济、社会子系统。依据社会子系统对环境子系统的需求（自然本底、现实考虑、阶段需求），分别从总量和空间角度对经济子系统和社会子系统进行约束，提出环境目标下的总量指标约束，生态保护下的空间范围约束，提出分区分级产业准入要求，环境质量达标和空间约束要求，约束区域发展决策，项目准入，实现复杂巨系统的有序开发。

在环评实践中，战略规划环评从系统性、整体性、宏观性对资源环境进行约束，并以"三条红线"的形式表现出来，降维应用到微观项目环评优化和管理中，实现规划环评与项目环评的联动。构建三条红线耦合的环评理论模型，该模型从满足区域社会子系统人民群众对美好生活的需求出发，以服务区域经济发展为目标，寻求自然资源可以支撑，环境影响可接受的经济发展方式。

目标函数：将经济发展端的拟建项目经济贡献作为模型的约束变量，以"三条红线约束"优化项目建设活动、促进社会经济的可持续发展为目标。

$$\text{Max}(1-\lambda)\sum_i Y_i - \lambda \sum_i e_i Y_i$$

要素红线约束：

$$Y_i = \begin{cases} Y_i, C_0 + \Delta C_{yi} \leqslant \bar{C} \\ Y_i', C_0 + \Delta C_{yi} > \bar{C}, C_0 + \Delta C_{yi}' \leqslant \bar{C} \\ 0, C_0 + \Delta C_{yi} > \bar{C}, C_0 + \Delta C_{yi}' \geqslant \bar{C} \end{cases} \quad （1）$$

$$\sum_{yi} R_{yi} \leqslant \alpha \bar{R} \quad （2）$$

开发红线约束：

$$Y_i = \begin{cases} Y_i, E_{yi} \geqslant \underline{E} \\ Y_i', E_{yi} < \underline{E}, E_{yi}' \geqslant \underline{E} \\ 0, E_{yi} < \underline{E}, E_{yi}' < \underline{E} \end{cases} \quad （3）$$

区域红线约束：

$$\sum_i e_i Y_i \leqslant \bar{Q} + \sum_{j'} \Delta Q_{j'}' + \sum_{j''} \Delta Q_{j''}'' \quad （4）$$

$$Y_i = \begin{cases} Y_i, D_{yi} \geqslant \underline{D} \\ 0, D_{yi} \leqslant \underline{D} \end{cases} \quad （5）$$

社会经济发展目标：

$$\sum_i Y_i \geqslant \underline{G} \quad （6）$$

$$Y_i \geqslant 0$$

式中，Y_i代表某个拟建项目的经济贡献；Y_i'代表某个拟建项目经环评优化后的经济贡献；$\sum_i Y_i$代表所有拟建项目经济贡献总和；$\sum_i e_i Y_i$代表所有拟建项目对区域的污染贡献总和，e_i代表某个项目环境污染系数；λ代表不同发展方式下经济与环境决策权重，可以理解为国家在不同时期针对不同区域协调环境保护与经济发展的战略定位。

公式（1）：环境质量目标约束。该公式表示，拟建项目实施后，污染贡献值叠加背景值后满足质量标准或经过环评优化后满足标准则项目可行；否则项目不可行。

式中，C_0代表拟建项目所在区域的环境质量背景值，ΔC_{yi}代表某个拟建项目对区域环境污染的贡献值；$\bar{C}$代表区域的环境质量标准；$\Delta C'_{yi}$代表某个拟建项目经环评调整优化后对区域环境污染的贡献值。

公式（2）：资源支撑约束。该公式表示，拟建项目实施所需的资源总量不超过分配给项目可利用的资源上限则项目可行；否则项目不可行。

式中，$\bar{R}$代表区域可利用资源的总量，α代表资源可供拟建项目或某领域（行业）利用的资源系数，$\sum_{yi} R_{yi}$代表所有拟建项目的资源消耗总量。

公式（3）：资源利用效率约束。该公式表示，拟建项目的资源环境利用效率无法达到某一资源环境利用效率要求时（如清洁生产要求，最佳可行性技术要求）则项目不可行，若经环评优化采取更先进的技术后满足资源利用效率要求后则项目可行；否则项目不可行。

式中，E代表资源环境利用效率下限，E_{yi}代表拟建项目资源环境利用效率，E'_{yi}代表拟建项目经环评调整优化后的资源利用效率。

公式（4）：区域可利用环境容量约束。该公式表示，若拟建项目污染物排放总量不超过区域可利用的环境容量则项目可行；否则项目不可行。

式中，$\bar{Q}$代表区域可利用环境容量；$\sum\limits_{j}\triangle Q_j'$，$\sum\limits_{j}\triangle Q_j''$代表区域"上大压小""区域替代"腾出的环境容量。当区域可利用环境容量不足时，环评为了支撑拟建项目实施，通过"上大压小""区域替代"等措施腾出环境容量支撑拟建项目实施。

公式（5）：空间约束。该公式表示，拟建项目的选址若大于环境可接受的空间距离则项目可行，否则项目不可行。

式中，D代表满足环评中判断标准（卫生防护距离、风险防范距离、法律法规规定的禁止进入、限制进入区域等）；D_{yi}代表拟建项目与上述标准的距离。

公式（6）：区域的经济发展目标。该公式表示，充分考虑对国家重大发展决策的支撑和服务区域的经济发展目标。

式中，G代表所在区域的经济发展目标。

案例　振兴东北老工业基地战略环境影响研究

项目简介

为振兴东北老工业基地，中共中央、国务院2003年10月出台了《关于实施东北地区等老工业基地振兴战略的若干意见》（中发〔2003〕11号），为我国工业注入了新活力。

面对东北地区多种资源消耗殆尽或濒临枯竭，局部生态环境质量持续恶化，黑土层变薄、河川断流、湖库萎缩、天然湿地减少、土壤污染、草场"三化"、生物多样性锐减等情况，为使振兴东北战略在实施伊始即重视环境和生态问题，2004 年年初国家环保总局环境工程评估中心组织开展了"振兴东北老工业基地战略环境评价"课题研究。旨在通过战略环评将环境保护和可持续发展的思想真正落实到振兴东北战略实施全局，提出振兴东北老工业基地战略实施中三省的环境保护重点，以及预防和减缓环境污染的措施，为生态环境主管部门的环境管理提供依据，促进经济发展与环境保护相协调，确保东北地区可持续发展。

振兴东北老工业基地战略环境评价研究是 2002 年《环评法》颁布实施后，国家层面开展的首个区域层面的战略环评。课题组历时 18 个月取得了研究成果，基于对社会经济环境资源等相互关系的认识，以及对东北地区历史发展历程的耦合分析，总结过去发展导致的资源环境问题，尝试回答面对本来已经脆弱的生态系统和已经接近枯竭的资源，东北老工业基地应如何发展与保护的问题；探索战略规划环评的技术方法，创新地提出"要素红线""项目红线""区域红线"三条红线的战略规划环评理论方法，从区域承载力的角度，为未来发展划出"红线"，用这些红线来约束新的项目，最终实现区域的可持续发展。

问题分析

东三省是我国的老工业基地。从"一五"开始到 20 世纪 90 年代，东三省为国家建设提供了大量的物资和装备，输送了大批人才和技术，在国家建设和发展中做出了巨大贡献。进入 20 世纪 90 年代，东北老工业基地在长期计划经济体制下积累的深层次结构性、机制性和体制性矛盾日益突出，引发了一系列的问题。

（1）造血功能不足，在全国的经济地位急剧下降，引发一系列社会问题。东三省作为我国最主要的老工业基地，其经济在全国具有举足轻重的地位。随着改革开放的不断深入，东北经济地位急剧下降，截至 2003 年，东三省 GDP 总和不及广东省一省，工业总产值在全国所占份额从 1978 年的 16.5% 下降到 2003 年的 8.2%，工业地位不断下降。产业结构严重失衡，三次产业结构变为 12.4：50.2：37.4，重工业在二产中的比重超过 76%，设备和工艺技术落后，效率低、污染大。国有经济比重高，所有制结构单一，市场化程度低，自身造血能力弱，经济增长乏力。东三省城市化依托工业化和资源化发展，城市化水平高于同期全国平均水平，但地区发展不平衡，城乡差距大，2003 年，东三省城乡居民消费水平比达到 3.2：1。破产企业多、失业率高、就业压力大、社会保障制度不健全，引发了一系列的社会问题。

（2）低效无序发展，导致多种资源濒临枯竭，资源型城市亟须经济转型。东三省土地资源、矿产资源和油气资源丰富，曾经是我国重要的原材料基地，但在掠夺式开采模式下，东三省自然资源急剧减少，多种资源消耗殆尽或濒临枯竭，丧失石油、煤炭和林业等传统优势，众多资源型城市面临经济转型问题。2003 年，东三省水资源开发利用率达 42.7%，接近水资源开发利用率红色警戒线的 45%~55%；当年能源缺口达 7.5%，高出全国平均水平 2.8 个百分点。按照以往的开采速度，把所有可采量全部采完，东三省的石油也仅能供应 14 年，铜矿能供应 21 年，天然气供应 25 年，原煤和铁矿供应时间相对较长，但也仅为 108 年和 211 年。东三省有 18 个典型资源型城市，抚顺、吉林、鸡西、鹤岗、双鸭山、大庆等资源型城市的资源已消耗殆尽或即将耗尽。

（3）资源环境效率不高，污染物排放量大，生态环境急剧恶化。2003 年，东三省的人口占全国的 7% 左右，但其废水排放量占全国废水排放总量的 8.5%，其中 COD 排放量占全国的 10.7%；氨氮排放量占全国的 11.4%。大气方面，东三省工业 SO_2 排放总量为 111.1 万 t，工业烟尘排放总量为 846.1 万 t，分别占全国的 6.2% 和 12.1%；固体废物方面，东三省工业固体废物产生量达 13 083 万 t，占全国的 13.0%，而同年东三省工业总产值占全国的比重仅为 8.2%，单位工业产值的环境效益明显低于全国平均水平。两大水系中，辽河Ⅴ类水和劣Ⅴ类水占比为 55%，Ⅱ类、Ⅲ类占比均不到 30%，松花江Ⅴ类水和劣Ⅴ类水占比为 30%；湖泊和水库受到不同程度污染，总氮和总磷超标严重；城市 TSP 和 PM_{10} 污染严重，2003 年监测的 33 个城市中，仅有 20% 的城市达标；水污染、大气污染、固体废物的无序堆放，加上化肥、农药和农膜的大量使用，又引发了土壤污染，导致土地生产力下降。

（4）数十年的大规模开垦，三江平原湿地面积锐减79%。辽宁省20世纪90年代的天然湿地面积较50年代减少了36.3%；黑土地水土流失严重，大量的黑土层被剥离，东北黑土区水土流失面积占其总面积的37.9%。吉林省西部60%以上的土地被开垦为耕地，草原退化率达90%。黑龙江省因过度放牧、不合理开采及气候等原因，草原"三化"面积已超过2万km²；2000年，辽宁省草地退化面积比1986年增加了41.1%，理论载畜量减少了47.5%，可利用草场面积减少了40.5%。天然林大幅减少，森林质量和生产力下降，近50多年，吉林省单位活立木蓄积量下降了19.6%。天然资源的减少，导致了资源的单一化，生产力降低，植物抗病力减弱，造成了资源的经济功能和生态功能下降。尽管政府投入大批资金，加大污染治理和生态恢复力度，生态环境总体质量有所好转，但局部生态环境质量进一步恶化，黑土层变薄、水土流失、河川断流、湖库萎缩、天然湿地减少、土壤污染、草场"三化"、自然灾害频繁、外来种入侵、生物多样性锐减等诸多问题还很严重。

评价内容

评价目的：在可持续发展理念指引下，结合东北地区生态环境资源现状，分析东北老工业基地振兴战略不同实施情景对东三省生态环境的影响，提出生态环境质量改善的目标。根据区域资源环境承载力，从"要素红线""开发红线""区域红线"三条红线入手，提出产业结构、布局调整及未来开发建设活动控制指标，预警未来发展可能导致的生态环境问题，同时也为国家制定东北地区环境政策提供决策依据和参考。

评价思路：以"两个大局"和"以人为本"为指导思想，用区域发展战略中"三极论"（即东部保持良好势头、西部继续大开发和东北振兴老工业基地）、"四极论"（即指珠江三角洲、长江三角洲、环渤海湾及东北地区）分析区域协同发展战略目标，分析东北地区经济、社会、资源、环境现状及问题。结合现状以及情景设定，以"问题＋目标"为导向，从经济发展、社会发展、居民生活水平及环境演变趋势四个维度进行战略影响分析，并从产业结构调整与布局优化、资源耗竭型城市发展接续产业、环保投资与污染治理、资源和环境保护、环境政策等方面提出措施和建议。

技术特色

构建复杂体系下"总体目标—环境要素—预测因子"有效整合的评价指标体系。运用科学发展观，选取经济、社会、资源、环境等系统作为二级指标；遵循"以人为本"的理念，结合建设小康社会和振兴东北战略目标以及东北地区资源环境现状，以实现东北地区可持续发展为方向，明确区域生态环境保护和资源利用总体目标以及各要素保护目标，结合以上目标，从各二级指标中选取具有科学性、代表性、可获取的指标，以及小康社会指标和生态省建设指标，作为老工业基地振兴战略实施后对经济社会和资源环境影响预测的综合评价指标。国际上普遍认可的战略环评是指对政策（Policies）、计划（Plans）、规划（Programs）及其替代方案的环境影响进行系统和综合的评价过程，关注的不仅仅是环境影响。东北老工业基地战略环评充分体现了战略环评的系统性和综合性，评价指标包括经济、社会、生态、环境、资源、能源。此次环评不仅对战略实施的生态环境影响进行了评价，还综合评价了经济发展、社会稳定以及能源资源消耗，是中国大区域战略环评的一次有益尝试。

构建"三条红线"耦合的环境承载分析评价理论方法。基于将资源环境承载力作为未来经济社会发展的关键制约因素，提出"要素红线—开发红线—区域红线"三条红线耦合的规划环评理论方法。其中，依据"要素红线"确定当前区域经济发展中存在的主要资源环境问题、未来发展面临的主要资源环境制约条件；"开发红线"基于区域产业发展战略和资源环境约束，提出区域未来发展的各类行业能耗、水耗和污染物排放等准入指标，推动区域产业结构优化调整和技术升级；"区域红线"贯彻环境目标下的总量指标约束，按照环境容量等，将区域划分为禁止区、严格限制区和一般限制区，提出分区分级产业准入的要求，确保环境质量达标和符合总量要求。

探索3S技术在我国战略环评实践中的首次应用。项目组运用空间数据提取及识别技术，对东三省近10年的卫星遥感信息进行分析处理，快速、准确地找出了主要环境要素变化趋势、土地利用变化状况。卫星遥感技术能较好地进行大尺度的区域调查，通过多期卫星影像的解译工作分析评价对象在时间尺度上的变化情况，是一种比较科学且高效的评价方法。东北老工业基地战略环评将空间数据提取与识别技术尝试性地应用于大尺度战略环评，现已广泛应用于以生态影响为主的项目，如高速公路、铁路、石油管道等线性工程、水利水电工程等的评价过程中。

基于情景分析的替代方案寻求路径。战略环评定义中明确了要对战略及替代方案进行综合分析、评价。综合国家宏观政策、区域经济社会发展现状以及生态环境保护要求，设定发展情景，通过对发展情景以及战略规划进行分析、评价，剔除不可接受的发展情景，寻求优化替代方案，是优化和调整发展规划或战略的一种有效途径。项目组分析了东三省近年来社会、经济、资源和环境发展状况，把东三省作为一个封闭系统，设置了三种情景：

- 情景一是"零规划"，即在没有振兴战略（或规划），国家没有特别优惠政策的情况下的一种情景，是为了对比分析振兴战略（或规划）的实施效果。

- 情景二即振兴战略，预测东三省在国家振兴战略刺激下，经济社会快速发展情景下的资源环境状况，并根据预测的资源环境状况反推振兴战略实施后的资源承载力和环境容量能否支撑振兴战略的实施。

- 情景三是在情景二中社会经济发展速度不变的情况下，将循环经济的理念、和谐社会的思想以及社会公平与环境公正纳入崛起战略。

它要求政府和社会加大环境治理和生态保护力度，更加注重新型污染问题，进一步加强环保意识和环保知识的宣传力度，树立"以人为本"的发展观，使可持续发展的理念深入人心。

通过比较，情景二的大多数情况好于情景一，而情景三同情景二相比，资源形势和环境状况都有了明显改善。

重要结论

（1）纵览东三省振兴规划，其产业结构发展趋同。振兴东北战略实施，关键在于形成经济与环境协调发展的内生机制；战略层面上务必控制高物耗和能耗的产业发展规模，重点发展高附加值的高新技术产业，产业结构调整和布局要量资源和环境而行；通过环境准入制度，整合小企业，促进大企业发展；发展循环经济，建设资源循环型社会；做好战略环评工作，防患于未然；资源枯竭型城市转型要与建设生态城市同步实施。

（2）东三省将面临严重的环境危机。到 2010 年，松辽流域现有严重污染状态将加速恶化；干流枯水期监测断面 COD 超标率将超过目前水平的 60%，劣 V 类水体比例进一步提高，水环境污染将是灾难性的。矿产资源失去原有的优势，后备储量不足；矿产开采效率不高，资源浪费、环境污染和生态破坏现象严重。今后发展可能导致局部生态环境持续恶化；水土流失、草场"三化"、外来物种入侵、矿山生态破坏、天然湿地减少等，将造成生物多样性减少、生态功能下降、生态价值减少。

（3）循环经济的理念、社会公平与环境公正纳入崛起战略，有利于推动区域生态环境质量好转。情景一条件下，到2010年，东北地区的水资源和能源都不能满足社会经济发展的需求，社会经济用水将大大挤占生态用水，能源缺口很大，矿产资源供应紧张。情景二条件下，尽管进行产业结构调整，但是水资源和能源仍然不能满足需求，水体和大气污染严重。情景三条件下，水资源和能源供应情况相对好转，但仍是制约发展的主要因素；环境污染得到控制，总体生态环境质量会有所好转，但局部环境质量仍会下降。

（4）基于三条红线的区域项目环境准入建议。通过对区域发展战略系统性、整体性的预测分析，将资源环境承载力作为东北老工业基地未来经济社会发展的关键制约因素，以实现可持续发展为目标，提出了基于"三条红线"约束的项目准入要求。具体如下：

要素红线：水资源红线方面，控制辽、吉、黑三省亩均灌溉总用水量，在近年来农业灌溉最小亩均用水量的基础上至少分别降低25%、25%、30%。能源红线方面，在理想情况下，通过采取节能措施，发展高附加值产业等，可限制东三省的能源消费增量不超过目前的20%，低于情景三的能源消费量。若2003年东三省能源生产总量保持不变，则届时能源缺口为29.0%，尚在东三省经济发展调节范围内，但仍会影响当地社会经济发展及区域环境质量。

开发红线：无环境容量的地区，其辖区内新上项目相关污染因子的排放至少达到国家一级清洁生产水平，同时拆迁同类污染因子污染重的企业，使区域内同类污染因子的总量不增加。

区域红线：禁止区（指无总量或环境容量地区）坚决禁止可能进一步增加已超过总量和容量的污染物的项目准入，通过环境治理，在保证环境质量达标和总量符合要求的前提下，才能解禁。严格限制区（指环境质量时有超标，但年均值不超标地区），必须保证增产不增污，而且新上项目必须达到行业清洁生产一级水平。一般限制区（其他区域）保证达到行业清洁生产二级水平。

写在后面

由于基于还原论思维长期存在，导致传统的重大工程环境影响评价不仅将重大工程的整体性，而且将重大工程与社会自然环境的整体性肢解和分割，虽然在一定视角下描述了重大工程某些相对独立的品质以及重大工程—社会自然环境的部分属性，但也严重损坏了重大工程—社会自然环境复杂系统的整体性，甚至违背了其中一些本质性的客观规律，这样的评价模式已经不符合我国国情，也严重降低了环境影响评价工作的科学性。

根据全过程破解污染复杂整体性的协同治理原则、高水平保护与高质量发展整体协同目标，环境影响评价工作不断提高战略思维、辩证思维、系统思维、法治思维、底线思维，振兴东北老工业基地战略环境影响评价研究等重大区域战略环评，采用了这样的研究思路，在推进新型工业化、优化重大生产力布局、促进区域协调发展中取得了较好的实践效果。

新时期的环评应立足于对经济社会资源环境复杂巨系统不可还原论的思维范式转变，基于区域性复杂环境系统治理理论，在人与自然和谐共生下，重新认识发展与保护的关系，改变过去环评"只见树木不见森林"的问题，从规划实施的整体性、长远性影响上来识别规划的环境可行性，调整环评参与决策支撑的方式和技术路径，更好地适应新形势下服务绿色低碳发展的需求。

战略政策

政策建议

理论探索
实践先河

理论方法
技术体系

环境影响评价

项目审批

项目实施

第三章

制度

探索、构建与发展

制度是人类社会发展的基础条件，是国家治理体系和治理能力现代化建设的重要部分。中国环评制度体系是法制化、制度化了的环境影响评价活动，是通过国家立法、部门规章等对环境影响评价的范围、内容、对象、程序等做出的规定，形成了一整套有关环境影响评价活动的法律法规制度体系。环境影响评价已经在中国运行了近半个世纪，制度建设过程中与我国国情体制发展需求逐步融合，形成了发展中国家协调发展与保护的矛盾的特色环评制度体系（图 3-1）。在《中华人民共和国环境影响评价法》颁布二十周年之际，选择辉煌五十年点滴难忘时刻，分享给读者。

中国环评制度建设

奠基时刻：概念引入和制度确立

概念引入

不同于西方发达国家在工业化、城市化发展后期建立环评制度，我国的环评制度建立于工业化、城市化发展的初期，与西方发达国家相比，我国经济建设任务艰巨。中华人民共和国成立初期，百废待兴，大力发展社会主义现代化建设是当务之急。但随着我国工业化发展，生态破坏、环境污染问题逐步显现，周恩来总理首先看到了污染问题的严重性，他强调不能将环境问题看成小事，"不要认为不要紧，不要再等了。"

在周总理的指示下，1972 年 6 月，我国派代表团参加了在瑞典首都斯德哥尔摩举行的联合国人类环境会议。曲格平先生在他的最新著作《美丽中国梦：我的环保人生》中回忆道，当时他把参加斯德哥尔摩会议后总结的话——"中国城市存在的环境污染，不比西方国家轻；自然生态方面的破坏程度，中国远在西方国家之上"汇报给周总理，周总理说，他担心的问题还是在我们国家发生了。1973 年 8 月，第一次全国环境保护会议顺利召开，专题研究和部署环境保护问题。此次会议在全国范围统一环境保护思想，会议审议通过我国第一个环境保护文

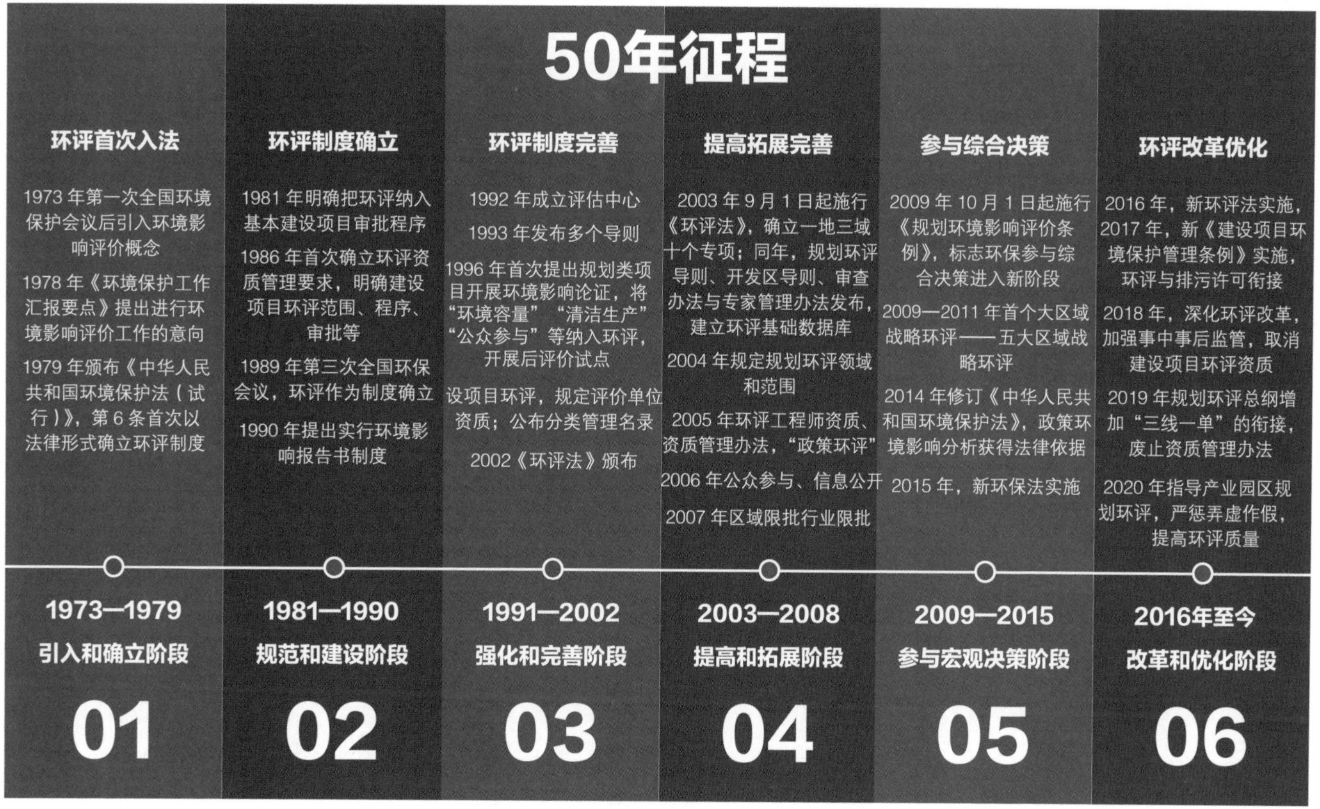
50年征程
环评首次入法
1973 年第一次全国环境保护会议后引入环境影响评价概念
1978 年《环境保护工作汇报要点》提出进行环境影响评价工作的意向
1979 年颁布《中华人民共和国环境保护法（试行）》，第 6 条首次以法律形式确立环评制度
1973—1979
引入和确立阶段
01
环评制度确立
1981 年明确把环评纳入基本建设项目审批程序
1986 年首次确立环评资质管理要求，明确建设项目环评范围、程序、审批等
1989 年第三次全国环保会议，环评作为制度确立
1990 年提出实行环境影响报告书制度
1981—1990
规范和建设阶段
02
环评制度完善
1992 年成立评估中心
1993 年发布多个导则
1996 年首次提出规划类项目开展环境影响论证，将“环境容量”“清洁生产”“公众参与”等纳入环评，开展后评价试点
设项目环评，规定评价单位资质；公布分类管理名录
2002《环评法》颁布
1991—2002
强化和完善阶段
03
提高拓展完善
2003 年 9 月 1 日起施行《环评法》，确立一地三域十个专项；同年，规划环评导则、开发区导则、审查办法与专家管理办法发布，建立环评基础数据库
2004 年规定规划环评领域和范围
2005 年环评工程师资质、资质管理办法，“政策环评”
2006 年公众参与、信息公开
2007 年区域限批行业限批
2003—2008
提高和拓展阶段
04
参与综合决策
2009 年 10 月 1 日起施行《规划环境影响评价条例》，标志环保参与综合决策进入新阶段
2009—2011 年首个大区域战略环评——五大区域战略环评
2014 年修订《中华人民共和国环境保护法》，政策环境影响分析获得法律依据
2015 年，新环保法实施
2009—2015
参与宏观决策阶段
05
环评改革优化
2016 年，新环评法实施，2017 年，新《建设项目环境保护管理条例》实施，环评与排污许可衔接
2018 年，深化环评改革，加强事中事后监管，取消建设项目环评资质
2019 年规划环评总纲增加“三线一单”的衔接，废止资质管理办法
2020 年指导产业园区规划环评，严惩弄虚作假，提高环评质量
2016年至今
改革和优化阶段
06
图 3-1 中国环评制度 50 年历程

件《关于保护和改善环境的若干规定（试行草案）》，揭开了我国环境保护事业的序幕，并将环境影响评价理念引入我国。

曲格平先生认为"要保护好人类环境，维护生态平衡，光靠消极被动的治理是不行的，不仅花钱多、收效小，甚至造成难以挽回的损失。积极的办法是预防，不让环境污染和破坏发生，或者把环境污染和破坏控制在尽可能小的程度之内。做到这一步，要有许多政策措施和工程措施，推行环境影响评价制度无疑是最基本措施之一。"预防性制度成本最低而效益最大。"预防为主，防治结合"的环保方针，展示了党和国家"绝不走先污染后治理弯路"的信心与决心。

制度确立

1979年，《中华人民共和国环境保护法（试行）》第六条规定："一切企业、事业单位的选址、设计、建设和生产，都必须充分注意防止对环境的污染和破坏。在进行新建、改建和扩建工程时，必须提出对环境影响的报告书，经环境保护部门和其他有关部门审查批准后才能进行设计。"首次把对建设项目进行环境影响评价作为法律制度确立下来，奠定了环境监督管理在工业建设和其他重大建设项目中的法律地位，开启了我国以建设项目环评为主体的环评1.0时代。可以说，我国的环评制度与全国的环境保护工作同时起步。在当时的世界范围内，环境影响评价也只在少数发达国家实施。我们作为一个发展中国家，在环保工作起步阶段就将其上升为法律要求，源于党和国家领导人在环境问题上的高瞻远瞩，也源于开拓者们积极吸收借鉴国外先进理念和不遗余力的努力。

随后我国在单个建设项目、城市发展和区域开发三个方面大力推行环境影响评价实践。江西上饶地区永平铜矿开发、河北矾山磷矿开发、上海金山石化总厂二期工程、云南昆明三聚磷酸钠厂、兰州市第二热电厂和成都市第三印刷厂、南水北调工程、长江三峡大坝工程、山东日照港和石臼港等一大批项目，山西能源基地、京津唐地区、深圳特区等区域环境影响评价，在各行业、各领域积累了丰富的环评经验。环评在制度发展建设过程中始终围绕服务各个阶段环保重点工作，不断适应经济社会可持续发展需求和改革开放大局，成为我国严控新污染、治理旧污染、改善环境的三大法宝之一。

历史突破：《环评法》曲折出台

立法背景

"天育物有时，地生财有限，而人之欲无极。以有时有限奉无极之欲，而法制不生期间，则必物暴殄而财乏用矣。"生态赤字、环境透支是人类不可持续发展的"副产品"。环境问题的本质是经济发展问题，解决环境问题必须从经济发展的源头做起。决策结果往往局限在决策者对阶段目标的追求，忽略了决策整体的目的需求。要恢复和逆转必将付出高昂的代价。我国经济发展的历史表明，相比处于决策链末端的建设项目，政府决策层面的政策、规划等对环境影响的范围更广、程度更深、历时更久，影响发生后更难处置，对政策、规划开展环境影响评价更具积极意义。1996年，《国家环境保护"九五"计划和2010年远景目标》提出，要"完善环境影响评价制度从对单个建设项目的环境影响进行评价向对各项同资源开发活动、经济开发区建设和重大经济决策的环境影响评价拓展"。

1998年，江泽民同志在中央计划生育和环境保护工作座谈会上明确要求，"对区域和资源开发，要进行环境论证，建立有效的环境管理程序，使环境与发展综合决策科学化、规范化"。

落实上述要求，海南洋浦经济开发区、浙江台州化学原料药基地、上海化学工业区、攀枝花钢铁集团"十五"发展规划环评等实践先后开展，探索方法、积累经验。时任全国人大环资委副主任委员王涛指出，我国在战略环境影响评价制度的建立方面进行了有益探索，积累了一定的经验。

由于政策和规划的实施主体主要是政府以及相关部门，单靠环保部门内部制度无法对政策和规划的实施形成有效监督，需要通过法律来约定各方的责任和义务。将环评纳入立法进程，不仅是国外的经验借鉴，也是党和国家审时度势，决心用更大的力度和措施解决环境问题，把环境保护放在治国理政的突出位置，推动政府理念和执政能力的转变和提升。1998年，《环评法》列入立法计划。

一波三折

第一版《环评法》草案是环境工程评估中心协助原国家环境保护总局开发监督司起草的。该草案中，将环评范围由建设项目扩展到对环境有显著影响的政策、规划，促使政府正确对待经济发展和环境保护两方面的利益和目标，改变过去重经济、轻环保的行政决策方式。受历史条件和认识的局限，草案征求国务院有关部门的意见时，听到了一些反对的声音，主要是有关部门对草案中提出的对政府的政策和规划进行环境影响评价有不同的意见，认为政策牵涉的范围过广，不确定性大，并且政策制定也没有明确程序，很难操作和实行；认为"如果这个法被通过了，国家建设还怎么搞？不能给'环保'这个权利"，审议一度搁置，立法工作陷入僵局。

经过长达 20 个月的反复研究、协调，有关方面终于达成了以下共识：一是制定环境影响评价法是必要的。二是政策环评的时机和条件还不够成熟，应积累经验，待条件具备时再作规定。三是对经济发展规划开展环评是必要和可行的。四是将建设项目环评纳入法律。在此基础上对草案作了修改，删除争议较大的"政策环评"相关规定，才得以通过二审、三审。经过近 5 年的努力和多方协调，《环评法》草案在快要成为废案的情况下起死回生，2002 年 10 月 28 日，第九届全国人大常委会第三十次会议讨论通过了《中华人民共和国环境影响评价法》。出席会议的 127 名常委会组成人员进行了表决，以 125 票赞成、2 票弃权的高票通过。环评立法四审通过，是我国立法史上少有的四审通过案例。

《环评法》于 2003 年 9 月 1 日起正式施行，至此，环境影响评价立法完成了从部门规章到国务院条例，再到国家法律的三级飞跃。

重大突破

规划环境影响评价最终在《环评法》中得以保留，是一个重大突破。《环评法》明确了规划环评的程序和法律责任，实现了从单一建设项目污染防治，上升到参与发展与保护综合决策、源头防控环境风险、促进发展方式转变的高度。我国政策通过规划来实施，把握住规划的环境影响，在一定程度上控制了政策实施对环境的影响。环评立法专家汪劲教授强调："规划环评制度的确立将环评的对象范围由微观层次的建设项目延伸到宏观层面的规划，这是我国环评立法的重大进步。"《中国环境报》评论"《环评法》就像一面镜子，能够真实地反映出政府的执政理念；就像一把尺子，能够衡量出政府的领导能力和执政水平"。

《环评法》是我国环境保护历史进程中一部具有里程碑意义的法律。环评立法专家王灿发总结："《环评法》是我们国家针对一个管理制度进行单行立法，在环境立法领域是具有开创性的。从项目管理到规划管理，从微观到宏观，从单向到综合，从当前的管理到将来的管理，《环评法》的颁布开创了环境影响评价的新纪元。"至此，我国环评 2.0 时代到来。

明确范围

《环评法》规定了对"一地三域十个专项"开展规划环评，同时还规定具体范围由国务院环境保护行政主管部门会同有关部门来制定，报国务院批准。如何科学划定规划环评范围，支撑规划环评落地实施，成为摆在环评管理人员面前的突出问题，这既是法律规定必须完成的任务，更是推进环评工作的现实需要。由于我国的规划体系法制化、规范化程度较低，各类规划的法律地位、决策主体、编制程序等尚未在法律上予以明确。规划／计划在内容、深度和名称等方面均不统一，当时全国各类可查询的规划／计划有2万余种，如何从众多的规划中确定尽可能涵盖"国务院有关部门、设区的市级以上地方人民政府及其有关部门编制的"，带有规划性质的所有"计划"或"规划"，并有理有据地确定各方认可的"对环境有影响的有关经济和社会发展规划和中长期计划"，是工作的难点和焦点。经过多轮论证研讨，重点剖析各类规划与环境的切合点，筛选出需要编制环境影响报告书的60个具体规划类别，需要编制环境影响篇章或说明的49个具体规划类别。

从2002年12月规划范围研究工作启动，到2004年7月国家环境保护总局印发《编制环境影响报告书的规划的具体范围（试行）》和《编制环境影响篇章或说明的规划的具体范围（试行）》，历时一年半。在征求意见时，"要求政府做环评"依然阻力重重。提出暂缓出台的有之，提出缩小范围的有之，认为"城市规划、水资源开发规划等带有保护性的规划及某些规划中有'环境保护篇章'，不要再开展环评"，没有必要纳入规划范围的有之。在最终发布的文件中，城市总体规划仅要求编制环境保护篇章或说明，没有对编制报告书作硬性要求。

时至今日，笔者依然认为从环境影响程度和源头预防效果来看，城市总体规划，涉及城市发展的性质、规模、结构和空间布局，涉及是否在人口稠密区、风景名胜区、水源保护区上风、上水等敏感地带规划建设建筑物、构筑物等重大环境问题，应当编制环评报告书。在规划环评多年的实践过程中，针对一些有争议的重大项目布局，从城市维度开展详细的规划环评论证，对政府部门决策起到了科学支撑作用。例如针对大连市区已有炼油项目的情况下，是否有容量布局新的石化项目和如何布局的问题，在国家环保总局的推动下，编制了大连市城市总体规划环境影响报告书，科学地回答了政府决策的困惑。

环评"风暴"：推动环评制度落实

从一篇专报说起

2004 年，各大电力公司及电力企业以电力短缺为由，申报了大批火电项目。电力、石化、钢铁、煤炭等"两高一资"行业投资势头强劲，在一些地区出现一个电源点多家电力公司同时布局的失控状态。同年 7 月，国务院印发了《国务院关于投资体制改革的决定》，该决定指出，改革项目审批制度，落实企业自主投资权，火电站由国务院投资主管部门核准，此举引发了大批原本等待国家发展改革委审批项目建议书以及等待中国国际投资咨询公司、国家电网公司评估的火电项目，如潮水般涌向了当时国家环境保护总局。

应对这个情况，一篇名为《关于加强燃煤电厂项目环保审批有关问题的建议》（国环评估函〔2004〕888 号）被摆在了国家环境保护总局领导的桌面上。文件中，针对大批申报的火电项目可能引发的资源环境问题，提出了在国家加强宏观调控及投资体制与政府审批制度改革的大形势下，把好环境准入关的对策建议。部分内容节选如下：

> "各家电力公司不顾国家规划，如此跑马圈地、抢占地盘，将使电站规模远远超出电力规划确定的目标，任其发展，势必扰乱国家能源总体战略的实施，引发电力布局混乱，煤炭供应和铁路、公路、水路运力失衡，与群众生活、生态及农业用水争夺水资源，电厂经济效益下降及无法上网等一系列社会、经济和环境问题。"

> "一些地区和企业没有认真执行国家有关政策和规定，违规开工建设了大量的电站项目，其中以内蒙古最为典型。而地方环保部门对这种违规行为不仅不予制止、处罚，反而代其向总局求情，甚至为其出具与事实不符的证明文件，瞒天过海，成为违法违规企业的保护伞，严重干扰了总局的依法行政与科学决策。"

2004 年 12 月 9 日，国家环境保护总局向电站项目"砍"了第一板斧，严格环评，坚决制止电站无序建设，对不符合产业政策和环保准入条件，尤其是未经环评审批就擅自开工建设的电站项目要严肃查处。

2005 年 1 月 18 日，国家环境保护总局以"严重违反环境法律法规"的名义，叫停了 30 个总投资达 1 179 亿元的在建项目。曝光停建的建设项目都是在环评报告书未获批准的情况下，就已开工建设，严重违反了《环评法》和《建设项目环境保护管理条例》的有关规定，属于典型的未批先建的违法工程。

时任国家环境保护总局副局长潘岳在发布会上表示："环境影响评价不是橡皮图章，对违反环评法的行为必须坚持制止。"一场声势浩大的"环评风暴"就此开启。国家环境保护总局连续掀起了三轮"环评风暴"：2005 年主要针对火电项目，2006 年主要针对石化项目，对 127 个重点化工、石化类项目进行了环境风险排查，对投资总额达 290 亿元的 10 个违反"三同时"规定的化工、交通等建设项目进行了查处；为有效遏制高耗能、高污染行业盲目扩张，2007 年剑指重污染区域，解决区域突出环境问题，创新环境管理新举措，对 82 个环境违法项目首次启用了"区域限批"的行政惩罚手段，涉及项目金额达 1 123 亿元项目金额，其中不乏大型央企和备受关注的重大项目，舆论界称为"飓风 2007"。

制度创新与完善

"环评风暴"后，"区域限批"一直延续至今。现在学者普遍认为，"区域限批"是我国环境立法之首创，是国家环境行政主管部门对违规主体过往行为的一种事后性处罚，这是当时我国环境管理的制度创新，是在中国环境形势严峻、环境执法"疲软"等社会现实情形下逐渐形成的，它的产生与发展带有鲜明的时代性和实践性特征。"区域限批"这项制度设计，确实抓住了地方求发展的"软肋"，起到了破除地方保护、直达管理咽喉，强化环评执法，促进发展模式转变的作用。

本书第二章"环境影响可接受水平三准则"中，从"可承载"角度分析了在环境超载区域实行建设项目"区域限批"的环境合理性和技术逻辑性。有些学者从法理上所说的"株连性"，正是针对环境污染区域性、整体性特征下的"一剂良药"。将建设项目的可行性与区域环境容量总量控制指标挂钩，是可持续发展理念在环评制度化的重要实践。

"环评风暴"后，国家环境保护总局出台《关于发布火电项目环境影响报告书受理条件的公告》，要求火电建设项目与规划联动，推动了一批能源基地规划环评工作启动，将火电行业发展向规划源头决策推进。持续强化建设项目环评的同时，也推动了规划环评的实施。

"环评风暴"后，公众认识到建设项目需要依法开展环评，提升了建设项目环评制度的影响力；政府及相关部门认识到区域开发建设活动需要考虑资源环境承载力，在规划决策前依法开展规划环评，埋下了一颗环保的"种子"到社会公众、政府部门的认知里。

"环评风暴"后，健全完善环评制度，加大对违法惩戒力度成为后续各类环保修法的重点。2014年修订的《中华人民共和国环境保护法》，被称为史上最严的、"长了牙齿"的环境保护法，对建设项目未经批准，擅自开工建设的，"由负有环境保护监督管理职责的部门责令停止建设，处以罚款，并可以责令恢复原状"。2018年修订的《中华人民共和国环境影响评价法》还大大提高了罚款额度"根据违法情节和危害后果，处建设项目总投资额百分之一以上百分之五以下的罚款，并可以责令恢复原状"。这些都为后来中央环保督察工作提供了法律依据。

环评改革：增强环评制度活力

项目环评简化

党的十八大以来，推动项目环评简化成为环评改革的重点。生态环境部2018年出台了《关于生态环境领域进一步深化"放管服"改革，推进经济高质量发展的意见》，2019年出台了《关于进一步深化生态环境监管服务推动经济高质量发展的意见》等指导性文件，要求不断完善市场准入机制、精简规范许可审批事项、深化环评审批改革。围绕简化环评管理，按照聚焦重点、宜简则简的原则，简化环评管理要求，配套出台一系列文件，具体包括：

- **简化分类名录**，先后在2015年、2017年、2018年、2020年4次修改《建设项目环境影响评价分类管理名录》。

- **弱化行政审批**，2016年、2018年两次修订《中华人民共和国环境影响评价法》弱化了项目环评的行政审批要求。

- **简化评价内容**，2016年12月修订后的《建设项目环境影响评价技术

导则 总纲》，简化了建设项目与资源能源利用政策、产业政策相符性和资源利用合理性分析内容，清洁生产与循环经济、污染物总量控制相关评价要求，删除了社会环境现状调查与评价相关内容。

规划环评提升

强化技术导则引领。"十三五"以来，《城际铁路网规划环境影响评价技术要点（试行）》《临空经济区规划环境影响评价技术要点（试行）》《规划环境影响跟踪评价技术指南（试行）》《规划环境影响评价技术导则 总纲》（修订）《规划环境影响评价技术导则 流域综合规划》等不同领域的规划环评技术要点和导则纷纷出台，加强了规划环评技术引导。

加强管理制度完善。 2015 年，印发《关于开展规划环境影响评价会商的指导意见（试行）》，在环境问题较为突出的区域、流域开展规划环评会商。2016 年，印发《关于加强规划环境影响评价与建设项目环境影响评价联动工作的意见》，推动在项目环评审批及事中、事后监督管理中落实规划环评成果；印发《关于规划环境影响评价加强空间管制、总量管控和环境准入的指导意见（试行）》，发挥规划环评优化空间开发布局、推进区域（流域）环境质量改善以及推动产业转型升级的作用；《关于开展产业园区规划环境影响评价清单式管理试点工作的通知》，进一步明确和增强园区发展的环境支撑，推进区域环境质量改善。同时，为项目环评文件在类别和内容等方面的进一步简化创造条件。

中国环评制度体系

2002 年《环评法》实施以来，通过《环评法》以及《建设项目环境保护管理条例》《规划环境影响评价条例》的实施，我国环境影响评价法律、法规管理制度体系进一步完备，评价对象、评价形式、责任主体、工作程序等方面管理要求不断完善，以规划环评、项目环评为主体，以政策环评为补充的"三级体系"逐渐形成，通过国家—省—市—县"四级联网"，完善分级、分类管理，事前、事中、事后的过程管理，正在向实现规划环评、项目环评的联动管理迈进，相关主体逐渐拓展由审批机构、技术评估机构、评价机构、规划、项目实施方以及社会公众监督方"五方共治"的格局，基本形成了一套"一法、两条例、三级环评、四级联网、五方共治"的中国特色环评管理体系（图 3-2）。

法律法规体系

制度的确立和实施，必须有强大的法律后盾。我国环境影响评价制度确立了以《环评法》为核心，《建设项目环境保护管理条例》《规划环境影响评价条例》并行管理，其他各层级行政法规、部门规章及各种

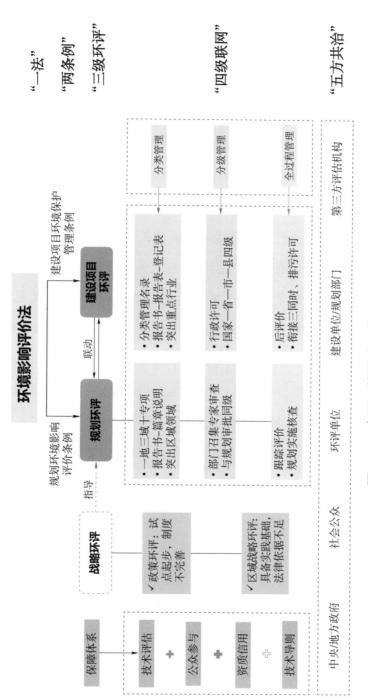

图 3-2 中国环境影响评价制度总体框架

"一法"

"两条例"

"三级环评"

"四级联网"

"五方共治"

环境影响评价法

建设项目环境保护
管理条例

规划环境影响
评价条例

建设项目
环评

联动

指导

规划环评

战略环评

✓ 政策环评：试
点起步，制度
不完善

✓ 区域战略环评：
具备实践基础，
法律依据不足

保障体系

技术评估

+

公众参与

+

资质信用

中

技术导则

- 一地三域十专项
- 报告书一篇章说明
- 突出区域领域

- 部门召集专家审查
- 与规划审批同级

- 跟踪评价
- 规划实施核查

- 分类管理名录
- 报告书-报告表-登记表
- 突出重点行业

- 行政许可
- 国家一省一市一县四级

- 后评价
- 衔接三同时、排污许可

- 分类管理

- 分级管理

- 全过程管理

中央地方政府

社会公众

环评单位

建设单位/规划部门

第三方评估机构

095

规范性文件为补充的环境影响评价法律体系。"一法、两条例"明确了环评制度的层级，对环境影响评价管理作出了详细安排，标志着在法律与环境管理层面上将从源头防止污染的"起点"——由建设项目的可行性研究或初步设计阶段上移至规划、计划的编制和决策阶段，环境影响评价进入参与宏观决策的新阶段。

——《环评法》以单行法律形式确立和强化了环境污染和生态破坏源头预防的管理制度，开启了环境影响评价制度的新纪元。一方面强化了建设项目环境影响评价制度；另一方面确立了规划环评的法律地位，规划层次包括土地利用及区域、流域、海域（简称"一地三域"）规划和"工业、农业、畜牧业、林业、能源、水利、交通、城建、旅游、自然资源开发"十类专项。我国以法律形式确定的制度为评价工作的顺利开展提供了前提和依据，确保经济发展与环境保护的关系得到适当的考虑，是环评制度实施的基石。

——《建设项目环境保护管理条例》（1998年颁布）规定了建设项目实施全过程的环境保护要求，明确了开展环境影响评价的内容、程序和方法，规定了对建设项目实行分类管理，对建设项目环境影响评价单位实施资质管理，明确了建设单位、评价单位、负责环境影响审批的政府有关部门等的责任，是对指导建设项目环境影响评价极为重要和可操作性强的行政法规。2017年修改的《建设项目环境保护管理条例》对建设项目环境管理提出了更高的要求，特别是突出了环评改革内容，严格了环评审批要求（专栏3-1）。

专栏 3-1 《建设项目环境保护管理条例》（2017）（节选）

第十一条 有下列情形之一的，环境保护行政主管部门应当对环境影响报告书、环境影响报告表作出不予批准的决定：

（一）建设项目类型及其选址、布局、规模等不符合环境保护法律法规和相关法定规划；

（二）所在区域环境质量未达到国家或者地方环境质量标准，且建设项目拟采取的措施不能满足区域环境质量改善目标管理要求；

（三）建设项目采取的污染防治措施无法确保污染物排放达到国家和地方排放标准，或者未采取必要措施预防和控制生态破坏；

（四）改建、扩建和技术改造项目，未针对项目原有环境污染和生态破坏提出有效防治措施；

（五）环境影响报告书、环境影响报告表基础资料数据不实，内容存在重大缺陷、遗漏，或者环境影响评价结论不明确、不合理。

　　——《规划环境影响评价条例》（2009 年发布）是在《环评法》的基础上进一步明确和规范了规划环评的实施细则，规范了程序、落实了责任，重塑了政府宏观决策的程序规则，明确了审查部门、程序和内容，跟踪评价和责任追究等方面，强化了制度的可操作性和实用性。《规划环境影响评价条例》强调了规划环评应更加关注规划实施可能对环境和人群健康产生的长远影响（专栏 3-2）；《规划环境影响评价条例》解决了具体操作依据的问题，将环境评价和分析纳入政府决策的程序中，成为政府决策的制度抓手。

专栏 3-2 《规划环境影响评价条例》（节选）

第八条　规划环境影响评价的主要内容

对规划进行环境影响评价，应当分析、预测和评估以下内容：

（一）规划实施可能对相关区域、流域、海域生态系统产生的整体影响；

（二）规划实施可能对环境和人群健康产生的长远影响；

（三）规划实施的经济效益、社会效益与环境效益之间以及当前利益与长远利益之间的关系。

制度管理体系

在决策体系、行政管理模式等因素共同作用下，我国环境影响评价起步于建设项目环评，发展于规划环评，逐步延伸至决策源头，初步形成了"（政策）—规划—项目"三级环评体系，初步构建了从宏观到微观的全链条管理框架，通过介入决策链不同阶段，开展不同空间尺度、不同层级的环境影响评价，将生态环境因素系统融入政策制定、规划编制、项目准入全过程，规范和约束政府、企业等不同主体的决策和环境保护行为，其中，政策环评处于起步阶段，尚未建立有效的机制体制。建设项目环评和规划环评是我国法定环评制度的两大主体，二者面向对象的不同决定了责任主体的不同，《环评法》中分别设计了不同的运行模式，建设项目环评以建设单位主体责任为核心，规划环评以规划编制单位主体责任为核心。

项目环评，重点解决项目实施与环境要素间的作用效应关系、工艺环境友好性、治理措施的环境可行性、环境影响经济损益等，判断建设项目是否可行，提出环境管理与监测计划。在我国国民经济行业体系框架下，结合行业环境污染和风险特征，通过建设项目环境影响评价分类管理名录的规定，实施报告书、报告表、登记表三类管理。建设项目环评配套"三同时"制度，确保环评要求的落实，即防治污染的设施，应当与主体工程同时设计、同时施工、同时投产使用，在项目建设、运行过程中产生不符合经审批的环境影响评价文件的情形的，建设单位应当组织环境影响的后评价。通过及时的跟踪和回顾，在分析规划、项目实际影响的基础上，进一步提出优化调整的措施和建议。此外，在整个环境管理体系中，与排污许可实现联动，借助环境监测、环境执法督察等手段，形成制度合力共同推动环评管理发挥实效。

规划环评，重点解决规划实施可能对环境和人群健康产生的长远影响；规划实施的经济效益、社会效益与环境效益之间以及当前利益与长远利益之间的关系。在中国特色规划体系下，根据规划层级、属性、功能差异与区域生态环境风险响应关系，将"一地三域十专项"规划纳入评价范围，根据不同领域规划特征，分析、预测和评估规划实施可能对区域、流域、海域生态系统产生的整体影响；构建与区域资源、环境承载能力、生态保护功能相适应的规模、结构，布局科学合理方案，真正"从决策源头控制污染"。规划环评配套跟踪评价制度，即对环境有重大影响的规划实施后，规划编制机关应当及时组织规划环境影响的跟踪评价。

技术导则体系

制度执行需要强有力的技术体系来保障。 我国社会经济、工业行业门类多、体系全，要在全社会广泛推行环评，统一评价尺度、规范评价方法是重要的技术保障。我国环评制度实施以来，为应对建设项目环评、规划环评、政策环评的实际技术和管理需求，陆续以国家环境保护标准形式出台一系列技术导则，同时以部门文件形式印发技术指南、技术要点作为补充，共同构成指导环评编制的技术体系（图 3-3），发挥了工具书作用，是我国环评得以广泛推广、规范发展的重要技术基础。根据统计，现行有效的各类技术导则共 48 项，其中，技术指南 7 项，技术要点 6 项。

"不以规矩，不能成方圆"，环评技术导则作为环评工作的"规矩"，是指导全国环评编制的重要技术依据，自 1993 年发布总纲、大气环境和地面水环境等首批环评技术导则以来，随着环评体系在时空尺度上和对象内容上的不断扩展，相应的任务要求也不断增加，经过多年发展形成了"总纲 + 要素 + 专题 + 行业（专项）"的技术导则体系基本架构。在规划环评领域，由总纲和煤炭工业矿区、产业园区、流域综合规划三个专项导则构成。建设项目环评领域，由总纲，大气、地

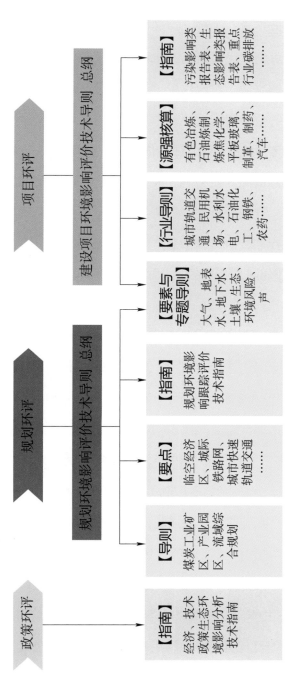

图 3-3 中国环境影响评价技术导则体系

表水、生态环境、地下水、土壤、声环境等要素导则，环境风险、污染源源强核算等专题导则，民用机场、水利水电、石油化工、陆地石油天然气开发、城市轨道交通、农药建设、制药建设、煤炭采选、钢铁、输变电、广播电视等行业导则构成，其中各要素导则以及风险专题导则同样可供规划环评参照执行。具体评价内容上，技术导则强调在对要素影响评价（包括自然资源开发利用、大气、水、声、土壤、生物等环境要素等）的基础上，开展分析预测和科学评价；还强调衔接其他环境管理要求，落实排放标准，执行清洁生产要求，配套污染防治设施等，推动环评逐渐成为环保部门的重要工作抓手，很多环境管理制度都通过环评得到了落实。

作为环评制度要求落实的重要支撑，不同时期的导则也体现着不同时期环评制度管理的思路和导向。以《建设项目环境影响评价技术导则 总纲》为例，该标准首次发布于1993年，随着2002年《环评法》的实施，环评制度发展壮大，开展承担越来越多的功能，相应地，在2011年该导则修订中增加了相关内容，如社会环境影响评价、清洁生产分析和循环经济、污染物总量控制等。随着政府部门职能进一步明晰，"十三五"环评改革实施方案强调，提高建设项目环评效能，精简项目环评。2016年修订的《建设项目环境影响评价技术导则 总纲》，着重突出选址选线环境论证、环境影响预测和环境风险防控等环评工作本身，剥离了市场主体自主决策的内容以及依法由其他部门负责的事项，如简化了建设项目与资源能源利用政策、国家产业政策相符性和资源利用合理性分析、清洁生产与循环经济、污染物总量控制相关评价要求，删除了社会环境现状调查与评价相关内容等，让环评技术要求逐渐回归环境影响评价的本义。

质量保障体系

环评专业技术队伍培训是环评质量的保障。环评是一项技术性、科学性、知识性、规范性等要求较强的系统性工作，涉及大量相关的法律、法规、政策与环保知识、技能的积累及应用，技术人员必须掌握完备的法律法规、环保政策。环评工作的专业性对评价人员和评价单位专业性和能力具有较高门槛和要求。评价人员队伍的管理上，我国早在《环评法》实施之初就建立起了环评工程师职业资格制度，不断完善环评从业人员培训和监管体系，培养了一大批具备专业能力的环评工程师（目前在册工程师约 1.5 万人），成为环评最坚实的技术力量。环评需要什么样的专业技术队伍，与环评发展本身息息相关。随着国家行政体制改革，环评"放管服"改革全面推进，环评机构管理经历了从资质管理到信用管理的变迁过程，建设项目环评资质认定由行政审批转向行业自治，取消机构资质，开放环评市场，具备技术能力的建设单位也可以自行编制环评报告书（表）。生态环境部门现已启用环境影响评价信用平台，环评单位和人员信用管理更加公开化和透明化，同时通过加大对环评文件质量问题处罚力度，实施单位和人员"双罚制"，确保环评文件质量。2020 年 12 月，全国人大通过《中华人民共和国刑法修正案（十一）》，首次将环评机构和人员弄虚作假纳入刑法定罪量刑。

事中及事后监管机制是环评成效的保障。 环境影响评价是事前预防为主体的制度，环评文件的编制和审批也一直是环评管理工作的重点，但并不意味着取得环评审批文件，环评管理就结束了，对制度没有监督没有执行情况的反馈与考察，效力最大化是难以实现的。 环评的成效既是对拟建方案的优化，也是各项环保措施的落地实施。 在整个环评管理体系中，规划环评的要求在建设项目环评中落地实施，项目环评的要求与排污许可固定污染源管理实现联动，借助环境监测、环境执法、环保督察等手段，通过监督执法提供制度保障，形成制度合力共同推动环评管理发挥实效。

中国环评制度特色

协调发展和保护关系

马克思、恩格斯说过，"一切划时代的体系的真正内容都是由于产生这些体系的那个时期的需要而形成起来的"。中国是拥有 14 亿人口的大国，要摆脱贫困，实现高速发展，要实现中华民族伟大复兴，任何政策的制定必须与中国的经济实力和发展阶段相适应，这是所有政策的出发点和归宿。这就决定了环境影响评价制度的建立是服务经济发展大局的，在发展经济过程中，应尽可能避免、减轻环境污染和生态破坏，用尽可能小的生态环境成本获得更高的经济利益，促进经济和环境的协调发展。

国家内部有两种力量：一种是发展的力量，另一种是治理的力量。曲格平先生 1983 年撰写的《环境影响评价在经济建设中的地位与作用》指出，环境影响评价制度是对传统的经济发展方式的重大改革，他指出："在传统的经济发展中，往往考虑的是眼前的、直接的经济效益，没有或者很少考虑环境效益。其结果就是不可避免地发生环境污染和破坏，导致经济发展与环境保护的尖锐对立。实行环境影响评价制度就改变了这种状况，它可以把经济效益与环境效益统一起来，实现经济与环境的协调发展……环境影响评价制度是正确认识经济、社会和环境之间关系的重要方法，是适当处理经济发展与环境保护关系的积极措施，也是强化环境规划管理的有效手段。"

环境影响评价诞生于以经济建设为中心的计划经济时代。以经济建设为中心是"兴国之要，立邦之本"，环境保护基本战略方向是"为经济建设服务"，保护环境虽为基本国策，但地位是从属的。中国环评制度设计和执行既要防止不顾环境后果发展经济的倾向，也不能阻碍发展，是在经济部门全力发展经济、建设项目一哄而上的形势面前夹缝生存，环评在协调发展和保护关系中做了一定的妥协和变通。

我国经济发展水平和发展需求以及社会主义经济体制和行政体制等因素决定了在中国实行环评制度不能照搬西方发达国家的管理制度，在借鉴国际理念和经验的基础上，立足于解决我国经济社会发展中面临的突出环境问题，在实践中学习、在实践中创新，不断适应经济社会可持续发展需求和改革开放大局，不断自我修正创新，创造了一个自成体系又与其他管理制度紧密衔接的、既服务经济社会发展大局又实现生态环境源头预防的管理逻辑和管理模式。

自上而下　以人为本

从 20 世纪 60 年代开始，西方发达国家环保运动风起云涌，《寂静的春天》《增长的极限》《只有一个地球》，是自下而上的环保民间运动的代表作。以日本为例，20 世纪 50—80 年代，面对严重的产业污染，日本走的是"污染—公害病—反公害运动—地方政府—中央政府"式的被动的、自下而上的对策反馈路径，付出了"先污染后治理"的惨痛代价。随后日本颁布实施了一系列环境法规和严格的环境标准，加大处罚力度，迫使企业投入大规模的污染防治资金，才解决了产业污染问题。与西方资本主义国家自下而上的被动式环境治理不同，我国环境治理是自上而下的，党和国家领导人不断深化对人与自然基本规律的认识，在正确处理人口与资源、经济发展与环境保护关系等方面不懈探索，高瞻远瞩，推动生态环境保护事业从无到有、不断壮大，取得辉煌成就。

1972 年，联合国人类环境会议在瑞典斯德哥尔摩召开，周恩来总理指示要派出代表团参加会议。1973 年，国务院在北京召开了第一次全国环境保护会议，将解决环保问题正式摆上了工作日程。改革开放以来，环境保护工作不断加强。1978 年修订的《中华人民共和国宪法》第一次对保护环境的任务做出规定。1979 年颁布的《中华人民共和国环境保护法（试行）》确立了包括环评在内的环境保护制度框架。从 1989 年第七届全国人民代表大会常务委员会第十一次会议通过《中华人民共和国环境保护法》，到 2015 年实施新修订的环保法，每次重大政策变迁之后是相应的机构改革。从 1998 年设立国家环境保护总局，到 2008 年组建环境保护部，再到 2018 年组建生态环境部，环保机构力量不断增强的背后是国家对环保的重视。

党的十五大明确将可持续发展战略作为我国经济发展的战略之一。党的十七大首次把"建设生态文明"列入全面建设小康社会奋斗目标的新要求。党的十八大以来，以习近平同志为核心的党中央把生态文明建设摆上更加重要的战略位置，统筹推进"五位一体"总体布局，协调推进"四个全面"战略布局，牢固树立和贯彻落实"创新、协调、绿色、开放、共享"的发展理念，提出一系列生态文明和生态环保新理念新思想新战略，形成关于生态文明建设的长远部署和制度构架，特别是"绿水青山就是金山银山"的"两山论"，打破了把发展与保护简单对立起来的思维定式，为我们正确处理发展和保护的关系提供了根本遵循，丰富发展了马克思主义生态观，为分析、判断和解决环境问题指明了方向。党的十九大修改通过的党章增加"增强绿水青山就是金山银山的意识"等内容，2018年3月通过的宪法修正案将生态文明写入宪法，实现了党的主张、国家意志、人民意愿的高度统一。

党中央将生态环境质量改善作为全面建成小康社会的重要目标，提出实行最严格的环境保护制度。"大气十条""水十条""土十条""三个十条"和新《环境保护法》的发布实施，中央开展的一系列改革，如各级环保督察，省以下环保机构监测监察执法垂直管理制度改革试点，党政领导干部生态环境损害责任追究，跨地区环保机构改革试点，生态文明建设目标评价考核，自然资源资产负债表和离任审计……这些重大改革都是指向政府和有关部门落实"党政同责""一岗双责"的方向。环境保护事业的"四梁八柱"已经基本构建，党带领全国人民开始了自上而下的史上最大规模、最大力度、最有成效的环境保护事业。

"经国序民，正其制度"，中国共产党为人民而生，因人民而兴，始终同人民在一起，为人民利益而奋斗。政策制定得好不好，要看公众认为政府对其需求的回应以及自身对政策参与的认同度。让人民参与治理，塑造民众对自身身份的认同，是国家治理的核心。环评制度区别于其他制度最鲜明的特征之一就是公众参与，通过各阶段的信息公开、多形式的意见征询，搭建了让公众参与决策的平台，既维护了各利益相关方的环境权益，同时也发挥了各社会群体的力量，共同参与社会、环境治理。规划环评工作过程中开展的多部门联合审查、跨区域会商的机制，将社会、环境和经济作为一个整体，综合性地考虑强调部门、区域发展规划的协调性、公平性和均衡性，从而减少不同部门和地区间在资源环境分配方面的矛盾和冲突。

行政审批　一票否决

我国环评制度在本土化的过程中，形成了与美国等发达国家不同的运行机制。以美国、德国等为代表，环评属于程序规范，并不具有行政上的"一票否决权"，而是将环评并入与项目许可相关的其他因素共同考虑，由项目许可机关综合权衡决策。同时，"信息公开""公众参与"及"司法审查"等手段对行政机关经济发展决策权的构成了重要制约，公众如果对项目许可机关的决策有异议，可以通过司法程序来解决，设置环评否决权意义不大。

在我国，最新修订的《环评法》第25条规定，建设项目的环境影响评价文件未依法经审批部门审查或者审查后未予批准的，建设单位不得开工建设，即环评立法赋予了环评对项目开发活动具有"一票否决"的实质性的法律权利。现在环评审批不再是建设项目获得开发许可的前提，完成环评的时间点只需要早于开工。环评前置要求尽管有所松动，但"串联改并联"的变动并未取消环评对于建设项目的否决效力。

在我国，环评审批是各级生态环境主管部门依法审查批准建设项目环境影响评价文件的行为，属于行政许可。结合环评工作的特征，环评审批与其他的行政许可事项比较，具有以下两个特征：

其一，通过环评程序，国家环境政策和目标被纳入行政机关的决策过程，成为在决策中同经济等因素平等的一个重要砝码。环评审批直接关系到建设项目是继续建设还是必须停止，在建设单位、建设项目开发地居民及生态环境主管部门三者之间产生一定的权利、义务或职责。因此环评审批并非仅仅是程序性机制，其实质是分配当事人间的权利义务。

其二，环评审批是将"专业知识纳入行政过程"。环评审批在行政许可的框架下，既要满足专业相关学科标准和要求，还要平衡满足基本审批条件和寻求最佳方案的关系，引导和强化环评优化项目方案的功能。以行政审批文书的形式告知项目建设和经营方，在项目建设和运行管理中需要做到的事项，以便在项目实施的过程中履行环保义务。

分类管理　分级审批

分类管理。 我国建设项目环评管理始终围绕环境影响的程度实施分类管理，并以分类管理名录作为依据。1999 年发布第一版《建设项目环境保护分类管理名录（试行）》，根据建设项目对环境的影响程度，对建设项目的环境保护实行分类管理：对环境可能造成重大影响的，编制环境影响报告书；对环境可能造成轻度影响的，编制环境影响报告表；对环境影响很小、填报环境影响登记表，《环评法》颁布后，进一步细化了建设项目环境保护分类管理名录。进入"十三五"时期，为适应"放管服"改革、环境管理的需求，名录经多轮优化更新，而报告书—报告表—登记表三类管理体系始终延续。规划环评同样实行分类管理，对综合性规划编写环境影响篇章或者说明，对专项规划编写环境影响报告书，环保部门针对编制环境影响篇章或说明、编制环境影响报告书的规划的具体范围进行了明确规定。

分级审批。 2002 年 7 月，《建设项目环境影响评价文件分级审批规定》发布，在遵循"同级审批"原则上，对建设项目进行分级审批，提高审批效率，明确审批权责。建设项目分级分类管理和审批流程基本确立。《环评法》对分级审批进行了原则规定，通过部门规章进一步细化分级审批要求，2009 年环境保护部发布的《建设项目环境影响评价文件分级审批规定》要求，原则上按照建设项目的审批、核准和备案权限及建设项目对环境影响的性质和程度决定，由国家环保部门制定并公布国家审批环境影响评价文件的建设项目目录，其余建设项目审批权限由省级制定实施。

战略政策

政策建议

理论探索
实践先河

理论方法
技术体系

环境影响评价

施工期监理方法
"主持竣工验收"

项目审批

第四章

嵌入 科技嵌入管理决策

环境影响技术评估是根据国家及地方相关法律、法规、部门规章以及标准、技术规范，综合分析建设项目实施后可能造成的环境影响，对建设项目实施的环境可行性及环境影响评价文件进行客观、公开、公正的评估，为环境保护行政主管部门决策提供科学依据而进行的活动。环境影响技术评估是我国环评审批的重要环节，是行政审批决策前的集思广益和科学论证，"先评估，再决定"，将专业知识引入行政过程，规范行政权力的行使，"把真理告诉权力"，在国家经济社会发展和生态环境保护中发挥着独特的参谋助手作用。

作为衔接环评编制与审批的重要桥梁，在长期实践中拓展形成了两大功能，即服务项目行政审批的技术评估、全方位支撑环境管理的技术供给，以及为支撑上述功能形成的数字化决策支撑平台。

服务项目行政审批的技术评估

环境影响技术评估

环境影响技术评估（以下简称技术评估）是中国环评制度中不可或缺的重要环节，是环评审批重要的技术支撑。技术评估并非中国环评制度独创。国际上部分技术评估机构是独立的第三方机构，在制度设计上追求独立性、公平性、客观性和科学性。中国的环境影响技术评估始于 20 世纪 90 年代，面对大批建设项目环评，亟须一支强有力的机构，承担建设项目的环评技术评估工作，为环境保护主管部门提供技术支撑。除坚持国际通行的公平性、客观性和科学性要求，中国的环境影响技术评估还秉持服务国家经济发展重大决策，服务环境保护国家基本国策，服务人民群众的健康需求的原则，有鲜明的部门职能特征，并兼具技术与管理双重职能。

环境影响技术评估包括对建设项目环境可行性的评估和环评技术文件质量的评估两部分。对项目环境可行性的评估，主要依据国家及地方环境保护法律、法规、部门规章以及标准、技术规范的规定及要求，判断建设项目的环境影响，评估项目实施后环境影响程度范围的可接受性，并对建设项目的环保对策措施和环保工程设计进行技术指导；对环评技术文件的评估，主要是从现状调查的准确性、影响预测的科学性、环保措施的可行性、报告编制的规范性等方面判断环评文件编制的质量。

技术评估具有以下四大特性。

权威性：综合考虑各专业专家的意见，从高层次上审视环评结果。它的结果将对决策产生重要的影响，技术评估必须是权威性的。

导向性：在评估的过程中，及时反映国家相关政策和法规对环境影响评价的要求，既要服从国家发展战略，又要体现国家对环境、生态、资源等方面新要求，技术评估必须是导向性的。

综合性：由于环评是一门综合性学科，涉及范围广泛，技术评估应该是综合考虑经济社会环境各方面因素和要求的过程，技术评估应体现其综合性的特点。

公正性：技术评估可以客观地认证环境影响评价的思想意识、技术方法和结论建议，评估的结果直接影响决策的结果，技术评估必须实事求是，也必须是公正的。

"出主意、想办法"

2004 年《中华人民共和国行政许可法》实施以来，建设项目环评审批作为一项行政许可事项，只要符合许可条件的，就应该许可，许可之前需要开展实质性审查。技术评估承载了实质性审查的功能，旨在提高我国环评制度实施效能。在审批决定之前对环评文件进行技术评估，对环评本身纠偏，为环评文件质量把关，为环评审批提供科学支撑。

面对发展中的资源环境压力，通过创新"上大压小""以新带老""区域替代"等技术评估方法，解决了建设项目没有区域环境容量情况下项目实施的问题。建设项目环评技术评估，帮助建设项目寻求更加可行的工艺技术和环保措施，具有推动企业环境保护措施全面提升、促进行业治理技术进步与产业结构升级、带动区域的落后产能淘汰的作用（专栏4-1），技术评估保障了我国每年20万~30万个工程项目的环评科学、客观、有效地开展，有利于实现经济发展与环境保护的双赢。其中，

- "上大压小"，主要是企业建设先进的、大规模、高效率生产装置时，关闭区域内或企业现有的小规模、技术落后、低效高污染的装备，带动行业整体水平提升。

- "以新带老"，是指在对已有项目进行改建、扩建或者技术改造时，必须同时运用新技术、新工艺对老项目进行升级改造，解决现有环境污染问题，减少污染排放，"不欠新账"的同时还要努力"多还旧账"。

- "区域替代"，是指在区域环境质量不达标的情况下，新上建设项目必须在区域内同步开展污染物削减，实现污染物排放量等量或倍量替代。

- "区域限批"，主要针对现有环境问题突出的区域，在解决现有问题之前，暂停审批新项目，倒逼项目所在区域的地方政府开展环境治理，削减污染物排放量。

专栏 4-1　火电项目环境影响技术评估的成效

火电项目是支撑我国经济发展的能源基础，也是建设项目环评的重点领域。环境影响技术评估对加强火电项目的环境管理、促进技术进步起到了重要作用。

以火电行业为例，改扩建项目必须优先解决遗留环境问题，通过环评和技术评估，要求关闭小机组（"上大压小"）和对老电厂实施脱硫解决老污染源（"以新带老"）的污染问题。热电联产机组必须替代供热区域内的小锅炉；对项目所在地空气质量超标，已无环境容量的，提出污染排放"等量替代"甚至"倍量替代"的要求，通过关停区域"十五小"、置换低效生产装置等措施，腾出环境容量，承载新项目发展，在区域层面实现增产减污，促进产业结构升级；对于没有污染排放总量控制指标的区域，允许通过企业内部、集团内部企业提升自身污染治理设施的处理水平，增加的污染物削减量作为新建项目的总量来源，实现企业乃至集团整体污染治理水平提升的效果。

2001—2015 年，国家环境保护总局审批的 1 232 个火电项目，总装机 9.5 亿 kW，如果不采取措施，这些项目将产生和排放 SO_2 约 3 400 万 t/a，这是环境不能接受的。在审批这些项目的过程中，技术评估要求企业落实防治措施，如果各项措施得以实施，电厂的 SO_2 排放量将由 3 400 万 t/a 降至 334 万 t/a，再加上"以新带老""上大压小"削减 721 万 t/a，这些电厂投产后，项目所在区域 SO_2 总量减少 387 万 t/a，促进局部区域环境质量改善。

此外，火电项目技术评估率先提出采用洒水抑尘措施、防风抑尘网、设置封闭煤场等设施要求，优化项目环保措施；率先提出必须回用过去直接排掉的冷却水，而且冷却水必须使用污水处理厂出来的中水，通过禁止、控制使用新鲜用水，减轻水资源短缺的压力等，提升行业清洁生产水平，最终促进火电行业提质增效、超低排放深入实施，推进煤炭清洁高效开发。

"再核实、多协商"

针对项目环境影响的可行性论证，与环评机构就基础数据来源、参数确定、计算模拟模型选择等进行核实验证；涉及对生产工艺、治理措施可行性的评估，一般通过聘请相关领域专家，以专家咨询的方式进行核实评估。当区域环境压力大且项目事关区域经济发展全局时，评估机构还会根据行业最先进的技术，要求企业采用先进工艺技术和污染防治技术尽可能减少新增污染。这时往往需要建设方、设计方和环评方多方共同讨论，从工艺技术上、环境影响上、经济投入上、运行操作上反复论证比选，寻求一个经济社会环境可行的方案，并写在评估建议里，供审批决策参考。同时环评机构照此调整评价报告、设计单位照此调整设计方案。涉及"区域替代"的项目，需要与当地环保部门、被替代的企业等进行核实（专栏4-2）。技术评估构建了一个多方协商的平台，通过充分讨论，寻求可行的解决问题办法，帮助项目在符合环保要求的情况下获得审批，也帮助环保部门守好环境污染和生态破坏的第一道关口。

重大工程技术评估

重大工程是一类投资规模大、复杂程度高，对政治、经济、社会、科技发展、环境保护、公众健康与国家安全具有重要影响，对经济社会

专栏 4-2 火电项目环境影响技术评估工作路径

项目特征

河北某电厂既是唐山市某临海经济示范区"海水冷却发电—海水淡化—浓海水综合利用—盐化工"循环型产业体系的龙头重点工程，又是示范区发展供热、供水、发电的重要保障性工程。该经济示范区的建设关系到国家重点区域发展战略总部署，是调整优化我国北方地区重化工业生产力布局和产业结构，加快环渤海地区经济一体化发展的重大战略安排。随着示范区进入中期开发和建设阶段，电厂二期建设迫在眉睫，电厂二期是示范区后续开发建设供热、供水和电力的重要保障，直接关系到国家战略部署的顺利推进。

环境影响技术评估难点与解决路径

电厂二期面临着较一期工程更加突出的环境制约问题，项目所在的京津冀区域大气环境质量不达标，没有环境容量。如何实现"增产不增污"，成为该项目环评和技术评估重点关注的问题。为此技术评估提出强化新建项目污染控制，最大限度减少新增污染，促进区域统筹治理，有效落实区域替代的评估思路。在电厂二期环境影响技术评估首轮论证中，技术评估机构给出，"项目建设外部条件尚不成熟和区域环境容量存在问题，需要进行修改完善后再评估"的意见。评估机构组织相关领域专家、环评机构、建设方和设计方，先后开展三轮技术评估，通过反复论证，从三个方面优化了项目建设方案和污染治理措施要求，最终帮助项目通过行政审批，顺利实施。

第一，在减少新增污染上，达成按照"超低排放"要求控制建设项目，经技术论证，工程最终采用石灰石－石膏湿法烟气脱硫系统，不设烟气换热器（GGH）和烟气旁路，脱硫效率不低于98%。采用低氮燃烧技术和选择性催化还原法（SCR）脱硝装置，脱硝效率不低于85%。采用电袋组合除尘器除尘，并在脱硫岛后部增设湿式电除尘器，考虑脱硫系统 50% 除尘效率，综合除尘效率 99.983%。除尘、脱硫和脱硝对汞的协同脱除率不低于 70%。

第二，在区域总量替代上，要实现"增产不增污"，消纳大型燃煤电厂项目带来的大量新增污染物，只能通过区域层面协调解决。技术评估对项目建设与相关规划的相符性、区域削减方案、区域环境容量等问题进行了反复的论证，统筹考虑区域环境质量改善需求，对区域内供削减的现有源，其他在建、拟建新增源充分核算和论证，严格削减要求。经过多方协调，区域削减源由 6 个增至 9 个，区域在建、拟建新增源由 6 个减至 5 个，并对相关替代源实施了提前关停。确保项目建设符合相关规划和规划环评要求，最终实现"增产减污"的效果，确保区域环境质量得到改善。

第三，调整项目建设内容，考虑到循环示范区内项目供热需求大，经论证和方案优化，最终将项目建设性质由发电项目调整为热电联产，强化了项目的社会效益。

发展具有牵引作用的大型公共工程，通常由技术难度、系统关联性、未知因素存在巨大差异的异质性等子工程组成，不同子工程往往采取不同的组织模式。在我国现代化强国进程中，优化重大生产力布局、构建现代化基础设施体系、提升区域国土空间体系功能等都属于一类重大工程建设，比如，三峡工程、西气东输、西电东送、南水北调、青藏铁路等跨世纪工程。

重大工程建设和区域性自然环境不仅是各具独特性的复杂系统，两者之间紧密关联，形成相互促进、相互制约的自然环境—社会经济复杂系统体系（以复杂系统为要素的复杂系统），一方面，重大工程建设以自然环境作为自身发展的基本条件，另一方面，工程建设又难以避免导致自然环境系统的自适应、自修复功能以及资源再生能力遭受破坏。无论在当前的系统科学领域，还是环境科学领域，对这一复杂系统体系的整体性科学认知、分析和决策都具有领域性的科学前沿性、学术前瞻性、技术先进性以及实践艰巨性，对我国重大工程建设开展环境影响评价和对区域性环境污染开展科学治理成为推动我国各项事业高质量可持续发展的两项紧密关联融为一体的整体性战略性重大任务。

技术评估同工程技术咨询一样，是国家重大工程的参谋。针对国家提出的重大工程建设计划，从环境角度开展了全面的技术评估，经过专题充分论证后决定是否可行。通过对西气东输、西电东送、南水北调、青藏铁路、京沪高铁等一大批国家重大工程开展环境影响技术评估，积累了丰富的工程环境管理经验，实现了工程建设与自然环境的和谐。基于重大工程环评技术评估实践总结，凝练重大工程技术评估工作模式，即在建立与重点工程组织管理相适应的"一事一议"技术评估流程，在"技术评估经验、专业判断和重大工程基础信息"三大基础支撑上回答"法规政策符合性、环境影响可接受性、环境风险可控性和防治措施可行性"四个问题。

"一事一议"

针对国家重大工程子项目多、战线长、跨度大、时间要求紧、质量要求高，其环境影响具有影响范围广、持续时间长、技术难度大、不确定性强等特性，对重大工程实行"一事一议"的技术评估流程。

例如，西气东输工程起于新疆，穿越多个省份，前期工作时间安排紧凑，需要穿越沙漠戈壁、黄土高原、丘陵山地、平原水网等不同地形地貌区，还要下穿黄河长江，因此环评难度大、时间紧、任务重，为了解决不同线段的环境问题，结合线性工程的影响特征，采取分省评价，同步推进的做法，为工程项目开工建设创造了条件。

再如，国家在编制南水北调工程总体规划的过程中开展了环境影响评价，对规划实施整体性、长远性的生态环境影响进行了阐述；每个单项工程的环境影响评价对局部的选址选线、污染治理和生态保护措施进行优化；在各单项工程环评的基础上，还完成了《南水北调中线一期工程环境影响复核报告书》及7个专题研究报告。报告中考虑流域整体性环境影响，统筹评估调水、输水、受水区的环境影响，强化了全流域总体保护。

"三个基础支撑"

重大工程环境影响技术评估是围绕工程系统及工程活动判断其环境影响可行性的过程，主要建立在正确的价值判断、专业的评估经验和准确的工程信息之上。

可持续发展的价值观

价值观是人们对客观世界及行为结果的评价和看法，反映人们的认知和需求，支配和调节着人们的社会行为。 在重大工程技术评估中，既要有保护环境的使命感，又要有支持国家建设的责任感。 既要考虑当前发展与保护的公平，综合考虑经济、社会和环境等效益的统一；又要考虑长远，要有历史的使命感，站在人类命运共同体下判断重大工程的环境可行性。 以青藏铁路为例，青藏铁路建设在高寒冻土层，对极其脆弱的生态系统，减少人为活动干扰，是对它最好的保护。 因此，在技术评估中，要以青藏铁路综合效益价值观为指导，尽可能减少开展工程建设对生态环境的影响。

工程基础信息

掌握第一手的工程信息，是做出环境影响评价和科学技术评估的基础。 与重大工程相关的基础信息既包括工程本体的政治、经济、社会、技术、自然等环境信息，也包括政府、公众、工程建设方等利益相关者需求信息，缺乏完整的信息将严重影响决策的科学性。 在群体决策中，多渠道的信息融合、决策主体信息不对称均可能造成决策者获得的情景信息不全面，导致决策的片面性，甚至导致决策失误。 对于重大工程的技术评估，深入现场开展多轮、长期的考察，收集更加详尽的技术、经济、自然条件信息，为做出科学评估准备第一手资料。

专业技能与经验

技术评估经验是技术人员面对重大工程建设活动中复杂问题和不确

定环境影响，做出正确判断，或有相应解决问题的意识和能力的体现。复杂的重大工程，通常由多个项目组成，具有影响范围广、持续时间长、影响复杂、技术难度大、不确定性强等特征，在评估过程中，面对不同项目可能的环境影响特征、多个项目组合可能的累积环境影响效应，特别在现场探勘中，结合地形地貌、工程特征及时做出专业判断，丰富的评估经验可以起到事半功倍的效果。面对重大工程技术评估，组建多领域具有丰富经验的评估技术团队是有效开展技术评估的基础。

"回答四个问题"

坚持系统思维，运用科学方法，技术评估过程必须做好对法规政策符合性、环境影响可接受性、环境风险可控性和污染防治措施可行性四个问题的回答。

法规政策符合性

重大工程的规模大、复杂性高，涉及的环境问题往往比较敏感。重大项目的技术评估必须强调战略导向，若失去了战略引领，整个评估工作将失去灵魂。从国家宏观战略、区域发展、行业规划、项目需求等不同层面研究项目建设的必要性，对拟建项目方案确定的项目建设目标、功能定位、建设规模和产出方案，判断其政策符合性。

环境影响可接受性

重大建设项目属于跨世纪工程，对经济、社会、资源、环境等方面的影响旷日持久，涉及代际公平及可持续发展等重大问题。因此，必须对工程方案产生的各种影响进行深入分析和综合评价，尤其是对产生的重大不利影响的方案实行"一票否决"。

以西气东输管道工程为例，技术评估过程中，根据经过区域的环境特征、生态保护目标、历史古迹以及人文社会背景，识别管道路径可能影响的自然环境，强化设计线路的环境影响可接受性评估，绕避自然保护区、水源保护区、风景名胜区、湿地公园等环境敏感区。

环境风险可控性

为维护人民生命财产安全为目标，在技术评估需对工程项目的环境风险及其防控措施的可行性进行充分论证。在判断环评识别和评价工程项目施工期、运行期可能产生的突发性、长期性环境风险及风险发生概率和影响程度的准确性基础上，分析提出风险防控预案和风险监控计划对风险的可控性。如涉危涉化等容易引起群体性事件的项目，在开展技术评估的过程中，必须关注社会舆情信息。对公众持明显反对意见的项目要格外慎重对待。

污染防治措施可行性

重大工程在对经济社会发展发挥重大牵引作用的同时，也对我国工程技术和环境保护的技术创新起到了引领作用。污染治理或生态保护措施的可行性研究，是重大工程技术评估关注的重点。

以青藏铁路为例，解决人为扰动对高原冻土的影响、保护高原特有野生动植物是工程可行、环境影响可行的关键和技术评估的重点。通过合理设计并增加以桥代路和动物通道工程，使保护区内部之间能够较好连通，确保物种信息的交流。工程共设计了 33 个野生动物通道，通道总长度 59.8 km，约占线路总长度的 5.1%，这也是我国重大工程中首次为野生动物大规模修建迁徙通道。对高原冻土层的保护采取以桥代路、片石通风、热棒、保温板多措并举的解决方案，在这些问题得到一一落实后，项目环境影响可行的结论才能初步确定。

重大工程项目案例

案例　西气东输管道工程环境影响评价与技术评估

西气东输管道工程于 2000 年经国务院批准启动，是拉开西部大开发序幕的标志性工程，是我国乃至全世界距离最长、口径最大、通过地区条件最为复杂的输气管道。

工程以干线管道、重要支线和储气库为主体，连接沿线用户，形成横贯中国西东的天然气供气系统。其中，西气东输一线工程是我国设计建设的第一个全世界级天然气系统工程，全长 4 200 km，以新疆塔里木气田为主气源，西起新疆塔里木盆地的轮南，东至上海白鹤末站，东西横贯新疆、甘肃、宁夏、陕西、山西、河南、安徽、江苏、上海 9 个省（区、市）。西气东输属于典型的线路工程，横跨几千千米，穿越沙漠戈壁、黄土高原、丘陵山地、平原水网等不同地形地貌区，还要下穿黄河长江。西气东输管道工程是我国首次开展环境影响评价的长输管道建设项目，不同线段面临的问题、环境影响评价关注的重点不尽相同。环评中需要针对各段管线所经过地区的环境特征及沿线的环境敏感目标分布情况，对环境影响因素进行识别和筛选，确定本工程的环境影响评价以施工期的生态环境影响评价以及运行期的环境风险评价为重点，论证管线路由走向和站场选址的环境可行性，对工程拟采用的预防、缓解和恢复措施进行论证，提出环境管理和环境监测计划。

同样地，开展技术评估也需要从工程设计、施工和运行期全过程开展技术评估，原国家环境保护总局根据工程建设开工时间、地点，组织国家环境工程评估中心采取分段、分批的方式推动技术评估工作，于2001年8—10月分批完成了新疆段、江苏—上海段、山西段、河南段、陕西段的评估工作，10月完成甘肃段、宁夏段、安徽段的评估工作。各阶段技术评估关注的重点内容见表4-1。

表4-1 管线工程环境影响技术评估重点内容

工期	评估内容	评估重点
设计期	环境现状调查	管线途经区域生态环境状况和水、气环境状况，以及居民区的分布情况，工程与环境敏感目标的位置关系
	路由比选和站场选址合理性分析	管线路由比选和站场选址合理性分析，重点分析穿越环境敏感目标的必要性，避让环境敏感目标的可行性。对位于环境敏感区的工程，重点关注施工方式和运行方式

续表

工期	评估内容	评估重点
施工期	生态环境影响评价	沙漠边缘生态脆弱区，重点了解风蚀灾害的规律，提出防止沙化和固沙的措施；水土流失和沙漠化问题并存的黄土高原，重点分析水土流失的特点、水土保持方案及工程治理的对策措施；自然保护区、天然林保护区，重点做好植被和生物多样性的调查，提出减少植被破坏和补偿措施
	水环境影响评价	结合工程沿线的饮用水水源保护区，评估穿越的敏感河段和地下水源的影响，并分析施工期的影响和减缓措施可行性
	施工期环境保护	施工期管理方案和保护措施，施工期环境监理和监督计划等是否可行
运营期	环境风险评价	对人口密集区段，评估天然气泄漏扩散的爆炸区域，事故风险的防范和应急措施是否可行

　　需要重点关注的内容包括：管道经过地区的物种多样性、生态功能、管道穿越的主要影响是否可接受，生态环境保护、恢复和重建等保护措施是否可行。对于管道沿线涉及的自然保护区、风景名胜区、湿地公园、饮用水水源保护区等敏感区域，结合管线与敏感区的位置关系，重点评估管道穿越该区域的影响程度，评估穿越的必要性、避让的可行性，减缓和预防措施是否可行、能否将影响降至最低。对于重要河流穿越段，结合区域河流、水系分布情况、当地水环境功能区划，分析工程选择的河流穿越位置、穿越方式以及施工期选择的合理性，评估

可能的影响范围和影响程度以及减缓和预防措施是否有效可行。

在西气东输一线工程环评工作过程中，技术评估深度介入，组织多学科专家开展现场走线、反复论证，根据不同线段所经过的区域的环境特征、生态保护目标、历史古迹以及人文社会背景，对工程设计、施工建设、生态环境保护修复等提出了有针对性的差异化要求。

对自然保护区穿越问题，本着能避让的尽可能避让、不能避让的最大限度优化穿越和保护方案的原则，对穿越新疆罗布泊野双峰驼自然保护区、宁夏沙坡头国家级自然保护区、甘肃安西自然保护区、河南太行山猕猴国家级保护区的设计方案提出了进一步论证可行性、优化措施等要求。否决了河南段穿越太行山猕猴国家级保护区原有设计方案，从穿越方式、道路开拓及运行、施工方式与施工期环境监理提出设计要求。新疆段穿越罗布泊野骆驼国家级自然保护区时，将管道向北平移200 km，作业带宽度由设计的28 m压缩至20 m，避免了管道穿越保护区缓冲区，最大限度地降低工程建设对野骆驼及其生态环境的影响。

据时任国家环境保护总局环境影响评价司巡视员牟广丰回忆，"我们还坚决果断地要求路由避绕野骆驼自然保护区，尽管建设方极不情愿，他们说实地考察时并未发现有野骆驼，说明野骆驼已绝迹，无须保护，我们回复，如果很容易发现或到处都是，那真就无须保护，正是因为极度稀缺，濒临灭绝，才更需要保护，尤其是它们的栖息地。最终建设方遵从了我们的意见，对路由进行了优化，避绕了保护区"。

对黄河段穿越问题，要求跨黄（河）方案及其施工期和营运期的环境影响需设专门章节论述，提出了将黄河列为保护目标，根据具体施工方式分析影响与核定环保措施、明确施工弃渣（泥浆）的处理，强化主要施工点环保措施等要求。

对水源地保护问题，甘肃段提出需明确对地下水资源的切割影响，管线应避绕水源保护区，明确水源地保护措施，优化施工减轻地下水埋深较浅地区和湿地的施工抽排水的影响。山西段提出补充下泉河等水源地保护级别及区域水文地质情况以及工程对其带来的影响。

对文物穿越问题，陕西段针对文物保护提出地下穿越古长城、避绕钟山石窟等要求，施工方式需满足文物保护要求，具有旅游资源的保护目标考虑景观影响问题并采取相应保护措施等要求。当地社会文化特点对工程建设有特殊要求的，还要求明确其敏感保护目标（如回民公墓）及保护要求和应采取的措施。

在强化生态保护修复措施方面，突出施工期保护要求，逐段、逐点细化和核定环保措施，针对管线穿越区域生态环境的特点，不同环境下施工可能带来的生态影响和破坏，细化施工期环境监控计划，编制施工期环保手册等。西北戈壁滩上施工易严重扰动生态，硬壳恢复和稀疏植被的生长将是漫长的过程，一旦扰动疏松，将成为沙尘源头，严格的施工期环境管理尤为关键。

例如，新疆段强化荒漠地区砾漠、盐漠的保护和土地防侵蚀措施，明确施工单位的人员培训及环境管理责任，建立有效的施工期环境监控机制。山西段强化植被恢复和水土流失控制措施。宁夏段强化针对风蚀问题的环境稳定和沙漠化防治措施，针对盐化腐蚀性对管道的影响，强化管材防腐。甘肃段针对风蚀严重的特点，强化防治土壤侵蚀措施。陕西段针对所在区为生态脆弱区、生态恢复和补偿十分重要的特征，提出了细化生态保护措施，明确施工要求、土地和植被恢复措施。河南段还针对农产品主产区特征，要求明确排污点及排污情况、土壤保护、农田施工方法与土地复耕问题等。

案例　成兰铁路建设项目环境影响评价与技术评估

成兰线铁路是中国中长期铁路网规划的重要组成部分，也是国家"八纵八横"高速铁路规划网西线"兰州—广州"通道的咽喉。工程连接四川省成都市和甘肃省兰州市，北起成都青白江车站，经德阳市的什邡市、绵竹市，绵阳市的安县，阿坝的茂县、九寨沟县、松潘县，甘南的迭部县、舟曲县，陇南市的宕昌县，向北延伸至川主寺站，铁路的建成将改写川西北无铁路的历史。

成兰铁路工程沿线地质条件十分复杂、生态环境极其敏感、生物多样性保护在全国具有举足轻重的地位，岷山区域是我国乃至全球生物多样性最重要的地区之一，也是我国和全球生物多样性保护的热点地区，是长江上游重要的水源涵养地，是四川省及我国重要的生态屏障区域。岷山山系在大熊猫及栖息地保护上具有不可替代的地位。工程经过区域也是我国自然景观最丰富的地区之一，分布有九寨沟和黄龙国家级风景名胜区等世界自然遗产，可以说成兰铁路的环境复杂敏感程度和生态环境保护需求均高于青藏铁路。为了充分阐明工程建设的环境影响，项目前期组织完成了 10 余个环境相关专题研究。项目施工和运行期不影响沿线大熊猫生境、自然生态系统和风景资源作为项目环境影响可行的前提条件。

2009 年，时任国家环境保护总局环境影响评价司司长祝兴祥亲自主持项目环评评估论证，特邀涵盖水环境、声环境、振动、电磁、水文地质、工程地质、园林设计等专业领域的 36 位国内知名专家形成强大的专家团队。其中，与生态保护领域相关的专家就有 20 余位，涉及生态学、植物学、动物学、景观学等学科，包括大熊猫研究专家 5 位。技术评估组经过充分考察、论证，从优化选址选线、完善环境影响减缓措施、加强工程建设过程和后续生态保护等方面提出了评估建议，支撑项目环评的审批、指导后续施工建设活动。该项目有以下特征：

1. 工程沿线环境复杂敏感

第一，地形地貌类型多样。工程共跨越 6 个自然地理单元。

首段为川西平原区，地势平坦、土地肥沃，为高垦殖农区，该区人类活动历史悠久，分布有都江堰、三星堆等世界文化遗产。

第二段为四川盆地周边的盆周山地区，植被为亚热带常绿阔叶林，植物以樟科、山毛榉科、松科植物为主，高山和峡谷区则分布少量冷杉林和云杉林及其他原始林，各类国家重点保护动物、植物丰富，也是大熊猫的主要分布区之一。

第三段是岷江干旱河谷区，山势陡峭，河谷狭窄，多为耐干旱植物构成的灌丛草甸和经济林木。

第四段为岷江源高原丘陵区，主要植被以高山、亚高山耐高寒的灌丛草甸为主。

第五段为白龙江高山峡谷区，主要森林植被为云杉、冷杉为主的暗针叶林，林下灌木、草本生长良好，也是大熊猫的重要分布区之一。

第六段是白龙江干旱半干旱山地，植被多为耐干旱植物构成的灌丛、草甸以及经济林木。

第二，沿线地质断裂带多。线路先后穿越龙门山前山断裂带、太平场倒转向斜构造带与龙门山中央断裂带三大构造体系，地形地质条件呈现"四极三高"特征，即地形切割极为强烈、构造条件极为复杂活跃、岩性条件极为软弱破碎、汶川地震效应极为显著；还有高地壳应力、高地震烈度和高地质灾害风险。

第三，沿线环境敏感目标多。工程沿线涉及的国家级、省级生态环境敏感目标10余处，主要包括：大熊猫及其栖息地，四川省安县生物礁省级自然保护区和四川安县生物礁国家地质公园、四川省千佛山省级自然保护区和千佛山国家森林公园、四川省宝顶沟省级自然保护区、四川省叠溪—松坪沟省级风景名胜区、黄龙国家级风景名胜区和黄龙寺省级自然保护区、甘肃省多尔省级自然保护区、甘肃省阿夏省级自然保护区、官鹅沟国家森林公园等生态敏感区，其他国家和地方重点保护野生动物，红豆杉等国家和地方重点保护野生植物等。评价范围内有国家一级重点保护野生动植16种，国家二级重点保护野生动植55种。

受保护野生植物集中分布在龙门山地区的千佛山、宝顶沟以及岷山北麓的多儿、阿夏 4 个自然保护区内。第四，沿线大熊猫重要栖息地分布多。

2. 工程比选，优化线路走向，避让环境敏感目标

"规避"是生态影响类环评最有效的措施要求，开展工程比选、优化线路走向、调整工程方案是线性工程环评技术评估最重要的技术论证工作。通过线路比选，选择绕避环境敏感目标，或者以桥梁、隧道等施工形式减少对地表生态的扰动，最大可能地减少影响。成兰铁路全线线路环评中分别开展了青白江—茂县段，茂县—镇江关段和松潘—九寨沟段，九寨沟—哈达铺段四段的工程线路比选。

在开展工程比选的基础上，技术评估认为，本工程处于工程地质条件复杂、环境极其敏感的区域，选线涉及四川龙门山地带东北至西南向宽约 25 km，长约 90 km，甘南阿夏、多儿宽约 25 km，长约 150 km 两个生态敏感区集中分布地带，涉及大熊猫岷山 A、B、C 种群栖息地和活动分布区域。需要关注灾后恢复重建规划、交通廊道设置、区域开发和拉动地方经济带来的次生环境影响和累积环境影响方面，审慎论证项目的可行性。项目在 2009 年技术评估后，于 2012 年再次进行了项目建设的环境可行性技术评估。

（1）青白江—茂县段方案比选

该段工程所在区域分布有龙溪—虹口国家级自然保护区、白水河国家级自然保护区、九顶山省级自然保护区、千佛山省级自然保护区；

青城山—都江堰国家级风景名胜区（世界遗产），龙门山国家级风景名胜区，鎏华山、九顶山、千佛山省级风景名胜区，龙门山、安县生物礁国家地质公园，千佛山、云湖国家森林公园，白鹿省级森林公园，白水湖国家水利风景区等敏感区，上述敏感区相互连接，在龙门山地带形成了东北至西南布设的宽约 25 km，长约 90 km 的长条形生态敏感区。同时在成都平原地带还分布绵竹剑南春省级森林公园、三星堆国家重点文物保护单位、鸭子河县级自然保护区。该区域较为敏感，一是聚焦在工程是否经过都江堰；二是如何穿越南部第一段大熊猫栖息地，对此设计了两段比选方案。

路段一：经都江堰方案。该方案经都江堰沿岷江河谷进入茂县，可将九寨沟黄龙、都江堰青城山等世界遗产串连起来，有利于提升川西旅游的整体水平。但是，技术评估中经过考察后认为，线路穿越青城山—都江堰国家级风景名胜区 6 km（世界遗产为 2.5 km），路基、隧道和桥梁工程，对风景区有切割等影响；此外还穿越龙溪—虹口国家级自然保护区的实验区长 8 km，其中隧道长 4.3 km，对自然保护区有一定影响；且路基、隧道等工程穿越了宝顶沟自然保护区，对该自然保护区也有影响。龙门山取直方案，以隧道形式穿越了九顶山、宝顶沟省级自然保护区，对保护区基本不影响；穿越了龙门山国家地质公园绵竹园区的夹皮沟—清水河三级保护区域 25 km，其中隧道长 18 km，桥梁长 4 km。经过环评和技术评估论证，最终放弃了旅游效益更直接的都江堰方案，选择了对敏感区影响较小的龙门山取直方案。

路段二：经红白方案。该方案经过什邡红白镇，以隧道穿越龙门山和大熊猫栖息地及生境，线路长 104.8 km，以隧道穿越宝顶沟、九顶山省级自然保护区、蓥华山省级风景名胜区外围保护地带和龙门山国家地质公园三级保护区。经安县方案，该方案选择沿龙门山保护区群的北侧边缘经安县进入茂县，穿越大熊猫栖息地及生境（隧道方式）、安县海绵礁省级自然保护区、千佛山省级自然保护区、宝顶沟省级自然保护区、千佛山省级风景名胜区、千佛山国家森林公园和安县生物礁国家地质公园。青白江—茂县段，环评和技术评估推荐经安县方案。

（2）茂县—镇江关段方案比选

茂县站至镇江关段分布有宝顶沟、小寨子沟、白羊、雪宝顶省级自然保护区、土地岭省级森林公园、叠溪—松坪沟省级风景名胜区，形成了南北走向的敏感区带，其中小寨子沟、白羊、雪宝顶自然保护区是岷山山系大熊猫分布的核心区域。优化站位选择和线路走向，不影响大熊猫生境是技术评估的关键。

环评和技术评估中重点比选了沿岷江走向的两河口设站方案和叠溪设站方案。评估认为，两方案均以隧道穿越宝顶沟省级自然保护区，对自然保护区和大熊猫栖息地均无影响，考虑到叠溪设站方案避开了岷江活动性断裂，工程地质风险小。综合环境保护和地质条件，推荐采用叠溪设站方案（比选情况见表4-2）。

表4-2 茂县—镇江关段线路方案比选

方案比选因素	两河口设站方案	叠溪设站方案	比较
大熊猫栖息地	以隧道穿栖息地边缘地带，在栖息地和潜在栖息地内没有地面工程，不影响大熊猫及其生境	以隧道穿栖息地边缘地带，在栖息地和潜在栖息地内没有地面工程，不影响大熊猫及其生境	均可
宝顶沟省级自然保护区	以隧道穿越保护区长度13.05 km，隧道进出口在保护区外，对保护区影响较小	以隧道穿越保护区长度约25 km，隧道进出口均在保护区外，对保护区影响较小	均可
叠溪—松坪沟风景名胜区	穿越长21.1 km，其中隧道长约18.41 km，路基和桥梁工程长约2.71 km，出露地面工程较长，位于三级保护区，在景区内土地占用约9 hm²，景区分割阻隔、景观资源影响相对较大，对风景区景观有一定的影响	穿越长度20.607 km，隧道长约19.968 km，路基、桥梁和车站0.639 km，出露地表工程较短，位于三级保护区，在景区内土地占地约16.9 hm²，景区分割阻隔、景观资源影响相对较小	相当
地质条件	该方案岷江桥（桥高140 m）受线形条件的限制需跨越岷江活动性断裂，于桥梁设置极为不利	以长隧道群取直，于两河口上游跨岷江，桥梁避开了岷江活动性断裂	叠溪设站方案优

（3）松潘—九寨沟段方案比选

该段区域生态系统极为敏感，分布有黄龙国家级风景名胜区（世界遗产）、九寨沟国家级风景名胜区（世界遗产）、九寨沟国家级自然保护区、九寨国家森林公园、黄龙寺省级自然保护区等敏感区；处于岷江和嘉陵江水系的分水岭，是岷江河流的主要源头；区域地下水也较发育。

由于需设置九寨沟车站，车站的选址决定了线路的走向，同时还需绕避黄龙、九寨沟所在的世界遗产、自然保护区和风景名胜区。经综合论证后，环评和技术评估针对沿既有公路走廊行进的九寨沟上四寨站址方案和沿热摩柯沟行进的九寨沟八郎沟站址方案进行比选。评估认为，上四寨方案对大熊猫栖息地、九寨国家森林公园、黄龙国家级风景名胜区、岷江源环境影响较大。经热摩柯八郎沟站位方案，虽然线路比上四寨站位方案长 10.036 km、投资增加 6.6 亿元，但其对敏感区、地下水等方面的影响明显小于上四寨站址方案，最终推荐经热摩柯八郎沟站位方案（比选情况见表 4-3）。

表 4-3　松潘—九寨沟段线路方案比选

方案比选因素	八郎沟站位方案	上四寨站位方案	比较
大熊猫栖息地	穿越大录（神仙池附近）栖息地长 8.2 km，产生新的隔离	穿越潜在栖息地 25.53 km，沿既有省道 301 行进，加剧既有隔离，工程施工和营运带来的人流对大熊猫潜在栖息地影响较大	两方案影响相当
黄龙国家级风景名胜区	以隧道、路基、站场桥梁工程穿越风景区外围保护地带，对风景区景点、景观不影响	穿越长度约 47.877 km，其中以隧道、路基、桥梁工程穿越外围保护地带长约 26.495 km，二级保护区 26.495 km，对风景区影响比较大	八郎沟站位优
九寨沟国家级风景名胜区和森林公园	不涉及	穿越外围保护地带约 40 km，隧道约 28.91 km，其余为路基、桥梁和站场工程，站场工程对外围保护地带影响比较大，同时地面工程对植被、景观影响较大	八郎沟站位优

续表

方案比选因素	八郎沟站位方案	上四寨站位方案	比较
岷江源湿地生态系统	不涉及	穿越亚高山草甸植被22 km，该草甸植被下部是砂卵石，恢复困难，线路穿越对该类型植被影响大	八郎沟站位优
岷江源及地下水	以括波隆瓦隧道穿越岷江支流源头和黑河正源，施工期间隧道涌水基本不会影响岷江流域的地下水	以隧道穿越岷江正源，以弓杠岭隧道穿越为灰岩地区，隧道施工可能导致岷江源头水的地下水沿隧道下行流入嘉陵江流域的白水河，从而影响水文循环，对岷江正源影响大	八郎沟站位优

（4）九寨沟—哈达铺段方案比选

该段工程处于工程地质条件复杂、环境极其敏感的区域，区域内分布有阿夏、多儿、插岗梁、博裕、双燕省级自然保护区，沙滩、大峡沟、腊子口、官鹅沟国家森林公园等敏感区，构成了长条形敏感区分布带。该段区域也是大熊猫现有和潜在的栖息地。该段工程环评中推荐了哈达铺方案，但在技术评估中，部分专家认为，从对大熊猫保护和影响角度来看，川主寺—哈达铺段推荐方案和比选方案实施后可能带来的影响均不可接受，建议采取零方案（比选情况见表4-4）。因此，技术评估建议从灾后恢复重建规划、交通廊道设置、区域开发和拉动地方经济带来的次生的和累积的环境影响方面，进一步说明项目建设的环境可行性。

表 4-4　九寨沟至哈达铺段线路方案比选

方案比选因素	岷县接轨方案	哈达铺接轨方案	比较
大熊猫栖息地	以隧道穿越栖息地，对栖息地不产生影响		相当
多儿省级自然保护区	穿越长度 12.871 km，主要是隧道工程，对自然保护区保护对象影响小		相当
阿夏省级自然保护区	穿越长度 7.6 km，该方案在缓冲区设置桥梁，工程建设期间对其影响较大，运行期主要为噪声等影响	穿越长度 6.06 km，主要以隧道穿越缓冲区，仅在实验区边缘设置桥梁，影响相对较小	哈达铺接轨方案优
双燕省级自然保护区	穿越长约 12.6 km，以隧道穿越核心区和缓冲区长约 9 km，实验区隧道长 0.5 km，路基、桥梁长 3.1 km，出露工程在实验区	不涉及	哈达铺接轨方案优
腊子口国家森林公园	穿越腊子口国家森林公园长 22 km，其中隧道长 10.5 km，路基、车站、桥梁长约 11.5 km	不涉及	哈达铺接轨方案优
官鹅沟国家森林公园	不涉及	以隧道穿越，长度 8 km，隧道进出口均在森林公园	岷县接轨方案优
岷江宕昌（秋末河）源头水保护区	以桥梁跨越，不设水中墩，施工废水和生活污水采用 MCR 处理后，对水体影响较小	穿越长 12 km，以桥梁和路基、隧道穿越，桥梁不设置水中墩，隧道施工废水和生活污水采用强化 MCR 处理后，对水体影响较小	两方案相当
白龙江迭部保留区	白龙江大桥跨越，不设置水中墩		相当
腊子口迭部源头水保护区	以桥梁跨越，不设置水中墩，施工废水和生活污水采用 MCR 处理后外排	不涉及	哈达铺接轨方案优

3. 以工程促保护，推动重要物种栖息地生态建设

环评和技术评估中，不仅对项目环境可行性进行评估，还对工程施工期和运行期需要进一步加强的减缓措施提出要求，对下阶段设计中需要进一步优化选址和设站提出建议和要求。同时根据项目技术评估发现的大熊猫为代表的生态环境保护存在的问题，从以工程建设促环境保护角度，在评估要求里对地方政府和建设方提出加强大熊猫栖息地生态建设的建议。具体建议包括：

（1）在九寨沟县大录乡神仙池和八郎沟附近大熊猫栖息地建设省级以上自然保护区；下阶段对 C 种群及其栖息地开展全面的调查，从而确定 C 种群的优先保护区域；对神仙池附近的大录沟、神仙池、八朗沟、绕腊沟、黑河乡、甘海子等区域大熊猫岷山 C 种群食用竹子开花状况和竹林更替现状进行详细调查，了解竹类开花死亡情况和自然恢复情况，制定相应的保护和管理措施。

（2）设计、建立 C 种群和 A 种群间交流的走廊带，加强保护措施、进行植被恢复，确保熊猫在公路两侧的自由移动。

● 扩大千佛山和宝顶沟自然保护区，范围覆盖到土地岭区域大熊猫岷山B种群和A种群生态廊道；改造茂县土地岭A~B种群的人工林，连接大熊猫岷山A~B种群的走廊带。取消当地政府规划设立的位于土地岭和茂县车站其间的工业区。要求建设单位下阶段设计中，应调查研究走廊带的具体方案。

● 落实神仙池自然保护区建设和A~C、A~B种群两处岷山大熊猫交流

走廊（带）联结所需的支持资金和来源。建立监测体系，及时了解大熊猫对走廊带的利用情况，掌握人为活动的趋势，及时制定相应的管理措施。上述两处走廊带和保护区的建设，最迟应在开工前完成。

（3）四川省人民政府和国家相关交通规划行政主管部门在规划和建设管理公路时，保障大熊猫岷山 C 种群和 A 种群交流廊道的实施效果。

案例　江西新昌电厂一期工程项目环境影响评价与技术评估

2009 年年底，江西新昌电厂 1 号机组投产运行，该项目是南昌地区唯一的电源点，也是江西省首个以"上大压小"方式建设的电力项目。2004—2007 年，其项目环评报批经历了几上几下，在开展了 4 轮技术评估后最终获得国家环境保护总局的批复。环评和技术评估，立足长远并结合当下区域环境问题，经多方协调、科学论证，最终通过的项目方案从最初在主城区原址扩建一台 300 MW 亚临界机组，调整为退出主城区在距南昌市中心约 22 km 处异地建设 2×600 MW 超临界机组，并预留二期扩建 2×600 MW 能力，对新建项目的污染治理措施采用当时最先进的控制要求，并对现有项目过渡期的污染治理提出优化控制要求，最终实现合理选址、增产减污，实现了经济和生态环境的长远效益，既支持了南昌市电源点建设问题，又通过"以新带老"给出了区域环境问题的解决方案，体现了技术评估优化发展方式，协调发展和保护的作用。

1. 技术评估推动主城区原址扩建改为远离城区异地建设

2004 年，江西省南昌发电厂拟在原址扩建一台 300 MW 亚临界机组，并向国家环境保护总局提交《南昌发电厂"以大代小"技改工程环境影响报告书》。国家环境工程评估中心接受委托开展技术评估，指出了该项目存在的诸多环境制约性问题：

一是项目建设增加了原厂址的生产规模，不符合大中城市燃煤电厂建设要求。南昌发电厂现有工程装机容量 250 MW，本工程投产后容量 550 MW，生产规模扩大 1.2 倍。用于替代的 7 台机组，包括分宜电厂 2×25 MW 和 2×35 MW，乐平电厂 2×25 MW，萍乡电厂 1×12 MW，共计 182 MW，均不在南昌市区内。同时这 182 MW 机组属国务院办公厅 1999 年转发的国家经贸委《关于关停小火电机组有关问题的意见》及 2002 年《燃煤 SO_2 排放污染防治技术政策》中要求 2003 年年底关停的机组，不能作为本工程"以大代小"的内容。因此，该项目的建设不符合国家环境保护总局环发〔2003〕159 号文中"大中城市建成区和规划区，原则上不得新建、扩建燃煤电厂"的规定。

二是项目位于南昌主城区，选址敏感，影响人居环境安全。南昌电厂距南昌市中心人民广场仅 5 km，属于典型"城市"电厂，厂址周围敏感点很多，附近居民密集，并有多所学校，电厂周围 6 km 范围内分布国家级文化保护单位有八一南昌起义指挥部等五处。位于城市主导风向的上风向，该地区逆温频率冬季30.2%，夏季29.5%，不利于大气污染物迁移扩散，污染物最大落地浓度点位于下风向3~8 km范围内，正好在市中心区域，一旦除尘或脱硫设施等发生故障，将严重影响周围人群的正常生活甚至身体健康。

三是区域已无环境容量，项目建设将加重主城区空气污染，污染物排放总量超出环保规划控制提出的削减要求。南昌发电厂是当时南昌市大气污染物排放最多的企业，2002年南昌市环境空气中SO_2和PM_{10}普遍超标，日均浓度最大值分别超标0.62倍和2.67倍，年平均浓度最大值分别超标0.43倍和0.23倍，NO_2也有超标现象。该项目新建工程以及现有工程改造均未采取脱硝措施，项目建成将带来NO_x排放明显增加，势必加重南昌市的空气污染，经专家类比估算，本期工程NO_2一小时浓度最大落地浓度占标准的12.5%，日均浓度占标准的7.1%。同时，NO_x排放量的明显增加，也不能满足《南昌市环境保护"十五"规划和2015年长远目标纲要》中南昌电厂削减NO_x 2 600 t/a的要求。此外，由于燃煤量增加81.94万t/a，导致煤场扬尘增加193 t/a，增加53.4%的火车输煤量，也会增加沿程的煤尘环境污染。

四是项目扩建没有体现"以新带老"原则，现有机组落实污染控制要求执行情况未做说明。项目环评仅对扩建机组提出脱硫效率90%的控制要求，对现有机组的污染控制要求落实情况未进行说明。按照项目环评要求，扩建项目必须不欠"旧账"。当时发布的《两控区酸雨和二氧化硫污染防治"十五"计划》已明确南昌电厂烟气脱硫工程 1×125 MW 机组削减 SO_2 2 100 t/a，项目起止年份 2001—2005 年，一台 125 MW 机组脱硫工程执行情况或执行计划在环评中未作说明。

五是在水环境、煤场扬尘、噪声、城市景观等方面也存在一定问题。项目新增温排水，在 97% 枯水条件下，使温度场的高温水域（3℃ 温升水域）范围在南支封江，将对南支水域内的鱼类产生危害。项目建成后，不能做到厂界噪声达标。在自然含水率（3%）状态，煤场装卸作业和煤堆扬尘共同作用下，下风向 180~1 100 m，宽 60~180 m 内超过二级标准。另外，市区内建设火力发电厂还会影响城市景观，破坏城市景观的协调性。

综合上述问题，无论是考虑国家政策要求还是考虑南昌市环境质量实际以及项目对周边区域造成的环境影响预测结论等因素，原址扩建均不具有环境可行性，从南昌市的社会、经济以及环境发展的长远考虑，技术评估建议另选厂址，远离主城区进行建设。

2006 年，相关建设单位提出了新的项目方案，在南昌市新建县樵舍镇环湖村新建江西新昌电厂，新厂址不在《南昌市城市总体规划（2003—2020）》的建成区和规划区，距新建县城约 28 km，距南昌市中心约 22 km。一期工程建设 2 台 600 MW 超临界凝汽式燃煤发电机组，并通过"以大代小"关停包括南昌电厂在内的江西省五家发电企业现役 68.06 万 kW 小火电机组。

2. 技术评估推动项目建设方案和污染治理设施不断优化

推动治理措施从一台机组脱硝到两台机组均脱硝。2006 年 5 月完成的《江西新昌电厂一期工程环境影响报告书》中，拟建工程的污染治理措施为采用石灰石—石膏湿法烟气脱硫系统、静电除尘器，对其中一台炉进行烟气脱硝。一台脱硝机组锅炉烟气 NO_x 排放浓度为 80 mg/m^3，另一台锅炉 NO_x 为 400 mg/m^3，可满足当时的《火电厂大气污染物排放标准》（GB 13223—2003）第 3 时段标准限值要求。

新厂址虽已远离中心城区，但仍位于在南昌市区主导风向的上风向，且属于国家划定的"酸雨控制区"。根据测算，在现治理措施下，对南昌市区 SO_2、NO_2 最大一小时平均浓度最大贡献值分别占二级标准的 1.8%、5.8%，SO_2、NO_2、PM_{10} 日平均浓度分别为 0.28%、0.33%、0.04%。从长远来看，随着环境质量改善要求趋严，如不采取更有力的措施，仍可对城区环境质量造成影响。因此，从环境影响角度，技术评估提出进一步论述两台机组脱硝的合理性及必要性，并完善相关大气环境影响预测内容。

建设单位采纳上述建议，在进一步计算论证后，调整治理措施方案，对 2 台机组均在低氮燃烧器的基础上安装 SCR 烟气脱硝装置，将排放浓度控制在 80 mg/m^3，大大降低了全厂的 NO_x 排放总量。同时，通过关停南昌发电厂现有的 2 台 125 MW 机组，实现本工程投产后区域 SO_2、烟尘和 NO_x 排放均能实现"增产减污"，SO_2、烟尘和 NO_x 分别减少 3 465 t/a、631 t/a、4 978 t/a。

坚持现役机组在过渡期内须实现达标排放的要求。新昌电厂新建工程采取了严格的环保措施,投产后关停南昌电厂现役机组,可以实现"增产减污",对南昌市的环境空气有改善作用,技术评估也予以认可。但南昌电厂现役机组是区域污染物排放大户,对南昌市空气质量影响大,现在监测结果表明,其烟尘和 NO_x 的排放浓度均不能满足排放标准要求,SO_2 排放总量也超过南昌市环境保护局核定的总量指标,其中一台被列入了《两控区酸雨和二氧化硫污染防治"十五"计划》,但脱硫措施尚未完成。

因此,技术评估在严控"增量"的同时,基于区域环境质量改善的迫切需求,技术评估提出:"削减存量"的要求,即要求建设单位应首先解决南昌电厂停运前现役机组脱硫和超标排放的问题。根据技术评估意见,国家环境保护总局《关于暂缓审批江西新昌电厂一期工程环境影响报告书的通知》中也要求,南昌电厂在新昌电厂建设的过渡期对南昌电厂 $2 \times 125\,MW$ 机组安装脱硫装置。建设单位随后出具承诺函,对现有机组的环保改造工程的计划安排作出承诺。

在经过上述的评估、调整、优化后,新昌电厂一期工程于 2007 年取得国家环境保护总局环评批复。对比建设单位最初提出的原址扩建方案和最终环评批复的异地新建方案,该"以大代小"电厂项目实现了质的飞跃:南昌城市建成区的燃煤发电规模由原方案的扩大 1.2 倍到全部退出,这一增一减的变化,对南昌市区的空气质量改善尤为重要,也为新建项目腾出了足够的容量;新建机组规模由 300 MW 亚临界提升至 2 × 600 MW 超临界，发电标煤耗由 320 g/kW·h 降至 285.3g/ kW·h，区域高技术水平的供电能力整体增加；强化了 NO_x 的治理，新建两台机组均采用了脱硝措施，脱硝效率 80%，同时推动现有机组在过渡期的达标排放，兼顾了长期和短期环境效益。 总体来看，该项目方案的调整和优化，无论是对南昌地区的供电格局、社会经济发展还是区域环境治理均具有重大意义。

支撑环境管理的技术政策供给平台

技术政策供给平台

1992 年，国家环境工程评估中心（以下简称评估中心）成立。它既具有一定的行政管理性质，又是为环境主管部门提供科技服务的机构。成立之初，评估中心的职能包括受国家环境保护总局委托，承担大中型建设项目环境影响技术评估、咨询等业务；接受国内外客户委托，承担建设项目环境影响技术评估、咨询、信息等业务；承担城市、经济开发区、区域总体规划环境影响技术评估、咨询工作。随着我国环境压力逐步加大，环评管理需求逐步增加，评估中心逐渐演变为全方位支撑环评管理需求的技术研究机构，深度参与环评管理，从单纯服务国家环评审批工作到成为环评相关政策、技术、法规、标准、指南的创新主体与供给平台。

建立评估体系，统一评估标尺

从 0 到 1：建立环境影响技术评估管理体系，创新评估工作模式和评估技术手段。作为国家级环境影响技术评估机构，评估中心成立 30 年来累计开展的建设项目技术评估及规划环评技术审查数量超过

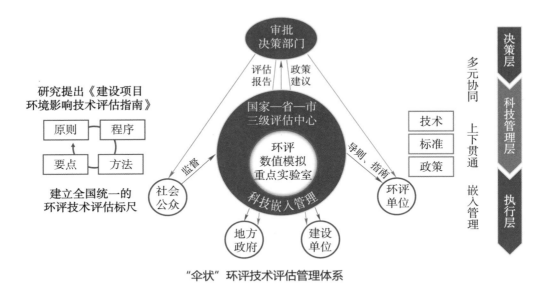

图 4-1　"伞状"技术评估体系建立

11 000项，按照"发现问题/管理需求—专题研究—科学实践—管理支撑"工作模式，发挥技术评估机构的战略性前瞻性技术优势，经过实践总结，在推动环评技术进步和管理制度建设方面，形成了一套适应中国环境管理需求的环境影响技术评估管理体系，有力支撑环境保护行政主管部门处理管理工作中所遇到的科技难题，实现科技嵌入管理。

● 创新评估工作模式，强化服务和指导。对于事关经济发展和民生的重大国家项目，建立国家、地方、利用外资重大项目"三本"台账，全程跟踪项目进展，在可行性研究、环评编制阶段实行预先介入、预先踏勘、预先指导，提供技术保障，通过早期介入与建设方和评价方形成良好沟通机制，推动环保要求的采纳和落实。对于包含重大项目的重要规划，使规划环评和项目环评同时推动，实现联动；对于地方审批的一般项目，强化对基层评估和审批的技术服务和指导，建立了面向小微企业的技术评估咨询平台，及时回答建设单位、评价单位、评估机构、基层审批部门在工作中遇到的技术性、管理性问题。

- **不断加强技术评估手段创新，大力推动信息化智能化能力建设和先进技术手段运用。**例如，建设环评数值模拟实验室、基础数据库、环评会商平台、智能环评复核系统，为环评日常管理、项目评估和审批、技术校核等工作提供支持。具体内容见本章第三部分"管理决策支撑平台"。

从 1 到 N：统一技术评估标尺，实现评估技术的复制。为了保证技术评估的公正、客观、科学，强化技术评估能力，提高技术评估的针对性、规范性，在总结有效评估技术的基础上，支撑国家出台了一系列配套管理和技术规范文件。深化"三条红线"理论并应用到建设项目环评管理中，打造以项目准入为抓手的污染源头"控制阀"。实现从区域整体性分析研判建设项目的环境可行性，破解了单一项目环评"只见树木，不见森林"的难题（如图 4-2）。其中，《建设项目环境影响技术评估指南》，明确了建设项目环境影响技术评估原则、内容和指标体系，提出了建材、轻工等 9 个行业建设项目环评技术评估要点，以及港口、工业园区、内河航道等领域的规划环境影响评价技术审核要点；《建设项目环境影响技术评估导则》（HJ 616—2011），规定了建设项目环境影响评价文件进行技术评估的一般原则、程序、方法、基本内容、

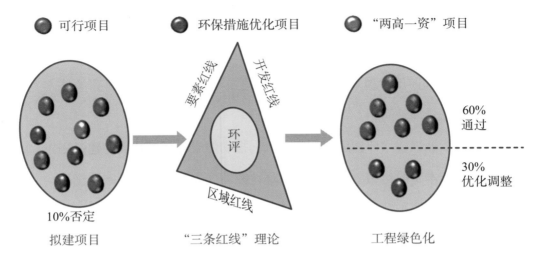

图 4-2 "三条红线"理论优化建设项目环评推动工程绿色化

要点和要求等。"十三五"以来，配套"放管服"改革，建设项目环评审批权限下放，国家统一公布了 19 个行业的建设项目环评文件审查审批原则，全国技术评估有了统一规范的技术要求。

从 1 到 X：地方评估机构陆续建立，实现评估模式复制。国家级技术评估机构设立于 1992 年，在项目审批决定之前对环评文件进行评估，为环评文件把关，为国家项目环评审批提供科学支撑。这种技术评估模式有效地提高了国家环评审批的效能。这种技术评估模式得到各省、市环评审批机构的认可，各省、市纷纷设立自己的技术评估机构。据统计，截至 2015 年年底，全国共有地市级以上评估机构 172 家，其中，国家级评估机构 1 家，省级评估机构 32 家，地市级评估机构 139 家。"十三五"开始，技术评估相关事项逐步纳入政府购买服务范围，技术评估机构范围和数量进一步扩大。

开展基础研究，完善制度体系

在技术评估工作实践中，评估机构与环评单位、建设单位联系和沟通密切，了解最前沿的环评技术，也清楚环评工作实际和管理需求，能够前瞻性地发现技术上的需求，管理中需要改进的方向。在开展环评技术研究和环评管理研究的支撑上，具有天然优势。依托技术评估实践，以科研促实践，实践反馈科研，理论联系实际。依托国家级重点实验室开展基础性、应用性和创新性研究，不断积累环境影响评价数值模拟技术、法规模式建立、污染源溯源技术研究与排放清单构建、环评许可与执法基础数据分析及应用等方面的技术方法，规范环境影响评价、排污许可与环境执法技术方法，制定行业技术规范，完善相应的技术导则与标准体系。除此之外，按照同样的工作思路，支撑《中华人民共和国环境保护法》的修订，以及《建设项目环境保护管理条例》《中华人民共和国环境影响评价法》《规划环境影响评价条例》等有关环评的法律法规的制（修）订。

例如，规划环评制度确立后，作为一个全新的领域，要推广实施应用还需要与之配套的可推广、可复制技术方法。开展规划环评技术方法专题研究，针对当时我国规划环评实践中的诸多问题，从规划环评的管理程序出发，重点对规划环评的技术程序的工作要点和内容，以及技术方法进行适用性分析，并进一步结合具体案例，开展工作程序和技术方法的分析。通过对规划环评技术程序和方法的研究，完善了规划环评技术程序，提出了更具可操作性的技术程序和工作要点，对指导规划环评的实践工作具有指导意义，大大促进规划环评的可操作性和应用价值。

提升行业水平，建设人才队伍

人才是事业发展的基础。为适应生态环境保护工作各阶段要求，提高全国生态环境管理人员、环评机构及建设单位相关技术人员的业务工作能力，建立了国家环境影响评价工程师职业资格制度、环评工程师考试制度、登记制度，推动环境影响评价向专业化、职业化发展。截至 2022 年 2 月，全国环境影响评价信用平台登记录入的环评机构有 7 844 个，环评技术人员达到 50 684 人，其中具有环境影响评价工程师职业资格的有 15 042 人，形成了一支跨专业领域（石化、冶金、轻工、采掘、电子、医药等），跨学科（水、气、声、固、海洋、生态等），覆盖全国的专业环评技术人才队伍。

管理决策支撑平台

平台建设背景

数据，已经渗透到当今每一个行业和业务职能领域，成为重要的生产因素。不断挖掘和运用大量数据是各行各业发展的内在需求，数据赋能将带来管理效能的提升和生产效率的提高。

《环评法》第六条规定："国家加强环境影响评价的基础数据库和评价指标体系建设，组织建立和完善环境影响评价的基础数据库和评价指标体系。"环评基础数据库在我国建设中具有重要的现实意义：

- 我国每年近30万个建设项目环评审批中，每个项目都离不开基础数据的支撑。由于环评工作涉及数据类型非常多，按照传统方式，每完成一个项目环评，建设方和环评单位需要从各种途径和渠道去逐项收集调查相关基础数据，直接制约环境影响评价工作的质量和效率。

- 环评数据来源渠道多，缺乏统一标准规范，数据的真实性和权威性难以保证。如全国层面的资源、生态、环境本底数据，污染源排放清单数据等如果不能够有效获得，将直接影响环评的重大判断。同时环评工作本身也产生了大量的数据资源，没有得到及时、有效的共享，环评过程中基础数据重复制作或购买，也给国家造成了极大浪费。

- 随着环境问题的演变和环境管理需求的提升，区域复合性污染问题的解决，对环评技术方法提出了更高的要求。亟待建立应用于大尺度模拟的模型，从区域角度衡量项目是否可行，提高环评应对区域突出环境问题的能力，再先进的模型也离不开基本的数据支撑。随着国家对环评工作的要求和期望的提升，"看现场，进会场，出意见"，"形式单一，尺度不一"的模式已很难满足环评管理和决策的实际需求。如果缺乏基础数据支撑，没有先进技术手段依靠，则核心竞争力薄弱，将难以担当和胜任技术审核工作。

- 项目方和评价方存在利益关系，守法成本高、违法成本低，导致环评中"真数假算、假数真算"的现象屡屡发生，"未批先建"违法现象屡禁不止。

- 物联网、互联网、移动通信技术的兴起，信息化基础设施方面和数据资源方面初具规模，为环评信息化建设提供了有利的基础条件。

在"十二五"初期，国家开始环评信息化建设。面向管理新需求，提升环评技术服务和技术支持的层次，转变环评管理方式和管理模式，提高环评辅助决策的信息化水平，建立国家环境保护环境影响评价数值模拟重点实验室，实施全国环评审批数据联网、构建环评基础数据库，全面搭建"云环评"系统平台，形成了"一网、一库、一云"的环评技术评估与工程环境管理决策支撑体系。其中：

"一网"指的是国家—省—市—县四级联网体系，实现数据传输与交换。通过环评管理的四级网络系统获取环评数据，服务国家、省、市、县的环评行政审批管理；打通数据壁垒，与地方建设项目管理系统对接，建立了从外网数据申报至环保专网到业务内网数据采集系统，实现内外部数据采集、交互和更新。

"一库"指的是环评基础数据中心，拥有庞大的数据量。包括业务数据库、支撑数据库和管理数据库，支撑环评全生命周期管理。

- 业务数据是环评业务核心数据，指规划环评、项目环评所产生的环评全生命周期的所有数据资源，结合功能需求确定可获取、可结构化的数据指标，建立包括16个重点行业的基础信息、污染源排放清单库。

- **支撑数据**包括环评所需的环境数据、污染源数据、水文、气象、土地利用、生态敏感目标、基础地理信息、社会经济发展等数据。

- **管理数据**包括环评机构及人员管理数据、国家相关法律法规、导则规范等数据。

"一云"是围绕"云环评"理念，深挖数据实现环评决策支撑。 研发区域环境影响数值模拟技术、环境影响评价法规模型，搭建多时空下的环境影响评价会商平台。通过调用地图服务，利用环评基础数据，通过 GIS 空间分析功能，叠加各类敏感目标数据多方位评估，以"环评一张图"的会商形式评价项目的环境可行性，突破了"看现场、到会场、凭借专家经验"的传统评估模式。创新"四位一体"评估模式，建立"企业—专家—环评单位—评估机构—评审单位—公众"多主体对话平台，推动传统"专家评审"的评估模式，向全国统一标准指导、大数据分析支撑，验算仿真模拟技术应用、专家智库相结合的"四位一体"评估模式转变，保障技术评审"可跟踪、可查询、可追溯"，支撑全国建设项目环评科学、客观、有效实施。

平台功能和拓展应用

"一网"：网罗盘活环评数据，"死库"变"活库"

建设初期，依托生态环境部的政务外网，发布环评基础数据库共享平台，并建立了数据交换与共享接口。基于国家—省—市—县四级联网，统一考虑了项目受理、办理、办结、归档等环评业务数据生产各环节，实现将业务数据自动流转至数据中心，解决了业务数据采集与自动汇集的问题，突破了传统的环评数据管理模式，实现了数据的"可跟踪、可查询、可追溯"，盘活了一批长期积累的国家级环境影响评价核心成果数据，真正意义上解决了国家与省、市、县的数据交换与共享难题，实现了多尺度、多源、多时相海量空间数据一体化组织与管理，使"死库"变成"活库"。

目前，通过四级联网将 2016 年至今的全国各级审批的超过 109 万个建设项目数据纳入环评智慧监管平台，原来的环境影响评价共享平台、环评大数据应用平台也被整合到环评智慧监管平台。环评智慧监管平台实现了多尺度、多源、多时相、多部门业务与空间数据一体化查询统计分析与共享服务，面向生态环境部业务司局提供数据查询、分析及环评会商等功能，拓宽了环评数据在生态环境管理多个领域的应用和决策支撑作用，强化了环评与其他环境管理制度联动。

- **功能续建方面**，开展了环境影响预测模型建设、环评大数据资源模型整合及会商模块的续建工作，重点加强了环评大数据应用端的建设工作。例如，基于环评、工商等数据，利用数据分析挖掘，数据建模、数据比对等技术，对数据进行分析、应用和展示，支撑全国环评统一监管；建设了空气质量模拟分析工具和水模型分析工具等。

- **拓展扩建方面**，开展了环评文件智能校核系统建设，基于人工智能、大数据、OCR识别等信息技术，完成重点行业分类管理符合性分析、重点行业特别排放限值执行符合性分析、大气环境影响评价登记判定合理性分析、环评查重等模块的开发。

"一库"：统一数据标准规范，带动信息水平提升

环评基础数据库的建设过程就是构建"横向"支撑数据库群和"纵向"业务数据库群，搭建管理数据应用业务平台，并持续开展数据持续更新的过程。其中，"横向"支撑数据库群主要包括环评需要的基础性和约束性数据；"纵向"业务数据库群则包括环境影响评价全生命周期产生的所有数据资源，涉及战略环评、规划环评、区域环评、项目环评等；而管理数据库群主要包括为环评管理服务的基础支撑数据，如环评资质管理数据、环评从业人员数据、技术评估专家库等。

环评工作涉及的数据、资料信息量大，不同行业也存在较大差异性，因此要形成好用的数据库，除了常规的信息编码、数据采集、质量控制、数据交换等规范性要求，在环评的基本框架下，针对不同行业特征，建立标准化的入库指标体系，在此基础上进行数据采集、形成可查询、可统计的结构化数据，为后续大数据共享和应用奠定基础。

在环评基础数据库建立的同时，建立了常规电站、抽水蓄能、钢铁、港口码头、铬盐、公路、管道、机场、煤化工、煤炭、石化、水泥、铁路、铜冶炼、造纸、火电16个行业的指标体系和数据库。如火电行业，涵盖了项目概况、工程特征、评价等级、环境现状、总量控制指标、污染防治措施六大类15小类共计110项细化指标。指标库的建

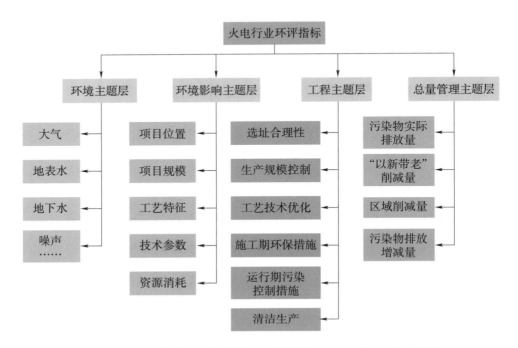

图 4-3 典型行业环评指标体系结构（以火电行业为例）

设极大地提升了建设项目环评数据统计分析与挖掘便捷性，促进了建设项目环评数据价值的发挥（图 4-3）。

例如，通过分析环评指标数据，分析在提高行业资源利用效率、污染物排放水平等，追踪行业工艺、环保动态及发展趋势等。以动态环评数据库为基础，通过对审批项目的数据信息，窥见经济形势和投资热点、行业整体工艺水平、资源环境绩效水平、区域资源环境压力的变化，为开展相关耦合分析、提出行业管理、区域发展政策建议等奠定了重要的数据基础。

再如，通过定期开展数据汇总挖掘，开展我国产业经济发展与环境资源利用的耦合分析，归纳总结行业发展与区域环境的矛盾，预警潜在资源环境问题；通过分析环评制度在提高资源利用效率、遏制全国环境质量持续恶化方面发挥的重要成效以及存在的问题，总结生态环境保护政策发挥的作用和不足，按季度向生态环境部多个部门报送相关数据分析报告，适时向管理与决策部门提出经济与环境协调发展的建议和对策，成为经济的"追踪器"。

"一云"：建设"云环评"，实现环评管理在云端

环评信息化系统难在建设，重在应用。信息技术作为一种工具和载体，作用就是提高工作效率、优化服务体验。充分运用信息化手段，最终目的是实现生态环境综合决策科学化、生态环境监管精准化、生态环境公共服务便民化。云计算具有经济、节能、灵活、可靠等优势，将云计算应用于环评业务及管理，强化环评基础支撑，提升环评决策水平，实现环评技术改革创新。通过云计算和模拟预测技术的结合，使全国各评价机构的预测工作都集中到云平台上，可有效实现环评标准和尺度的统一、资源有效整合、技术共享，解决环评中存在的"假数真算，真数假算"问题。

基于环评基础数据库，利用多种 IT 技术，构建了集海量环评基础数据处理、查询、可视化表达、模拟分析、对比分析与数据挖掘、信息共享服务等功能于一体的环境影响评价会商平台。基于松耦合技术，把大气环评导则推荐的本地运行的空气质量预测模型（AERMOD），改造成基于 Web GIS、C/S 架构、多用户的云端预测模型，形成了云计算的雏形；通过调用地图服务，整合污染源、气象、地形等海量数据，松耦合法规模型，从建设项目的行业布局、环境功能区划、环境敏感程度、对保护目标的环境影响等 GIS 空间分析功能，以"环评一张图"的会商形式评价项目的环境可行性，推进了环评"四化"（系统化、标准化、可视化、智能化）建设。

环评技术评估通常需要开展模型测算验证，环境影响评价会商平台提供共享接入服务，核心功能见专栏 4-3。在系统上输入相关参数，能够便捷得出环境影响预测结果跟环评单位的结果是否一致，从而判断环评单位结论的真实性。在云南、贵州、辽宁、重庆、广西、广东省深圳市等多个地区进行了应用实践。例如，在钦州电厂二期扩建项目、中国石化曹妃甸炼油厂项目的技术评估过程中使用平台，通过对现有工程背景的回顾，周边环境敏感区布局及主要设施分析、项目区位分析、环境影响模拟预测、总量控制指标分析、公众参与等，咨询平台为现场勘查、预测评价和专家咨询等提供了强有力的技术支持。

研发区域环境影响数值模拟仿真技术、环评政策模拟法规模型；开展环评法规模型筛选、优化与验证，以及环评文件技术复核等研究工作，提升了环境影响预测数值模拟的研究水平和能力。应用数值模拟技术，以三维动画的形式直观展示建设项目的环境影响，把专业性强的预测分析结果，变成公众可以理解的场景和动画，使公众更为直观和深刻地理解项目的环境影响，提高公众参与的深度，使公众提出更有针对性的意见和建议，显著提升决策的科学性和有效性。

专栏 4-3 环评会商平台核心功能

工程概况：平台具备提供项目工程基本信息、组成布局、工程回顾等功能，通过落图、展示，让用户对建设项目的概况有较直观的认识。

区域环境：分析项目所在区域的相关环保规划、环境功能区划、敏感区的关系，并确定重要敏感目标，显示与项目的距离、方位。通过叠图将项目工程与城市规划、土地规划等图件叠图，分析项目与规划、与其他建设项目的关系，分析选址、选线是否符合相关环境保护要求。

环境影响：按照环境要素导则要求，分析建设项目对周边的环境影响。将环境质量预测模型与会商平台集成后，调用数据库中环境质量数据、污染源数据等，输入模型参数，建立模拟方案，可计算各项条件下的环境质量浓度。并且平台支持模型结果在 GIS 平台上实时演示，分析污染物扩散过程，分析超标区域和环境敏感点的达标情况能。

指标分析：结合 GIS，利用会商平台中历史建设项目环评指标信息，按区域、统计，形成空间分布和统计图，方便用于分析项目空间布局的合理性。与同类项目横向对比，分析项目污染防治水平、绩效水平、清洁生产水平等指标所处的行业地位，为掌握同类项目的评价尺度提供必要的数据支持。

公众参与：按照导则总纲要求，分团体和个人显示调查情况、视频和图片等，方便用户对各类意见进行跟踪管理，通过数据展示参与、赞成、反对情况，方便用户把握整体状况。

GIS 功能：平台提供多种功能，如丰富的项目检索和定位方式、多种互联网地图和地方地图服务、多维度的项目指标信息统计和空间展示方式等。

嵌入经济社会决策全过程考量

国家治理的理想状态是"善治"。善治是使公共利益最大化的社会管理过程。我国经济社会发展的历史经验和教训表明，政府及有关部门制定的某些政策和规划，相较于具体的建设项目来说，实施后对生态环境的影响更加持久和广泛。这就意味着，从微观项目到宏观决策，决策层级越高，决策失误导致的环境影响和治理成本越高。重大决策一旦出现失误，其资源环境后果往往是灾难性的。可以说，生态危机是人类不负责任的发展政策的"副产品"。因此，从决策源头考虑环境影响，是减少不良环境影响后果的最佳介入时机。

制定和实施国民经济和社会发展五年规划，引领经济社会发展，是中国特色社会主义发展模式的重要体现。在五年规划的引领下，我国各项政策制度是一个有机整体，宏观政策为制定规划或计划提供了战略指导、把控方向，规划和计划则是政策的贯彻实现的总体设计，项目是对规划或计划的具体实施。注意这里的政策、规划、项目自上而下地传导，依旧是在基于同一战略目标推进实施过程的前提下的概念。现实情况这个过程往往并非单向的，战略实施过程中充满了协调、磋商和交流的过程，也存在很多难以控制、不可预见的情况。一些规划的初衷是好的，但大部分规划都是从各自的利益出发制定的，缺乏规划间的协调机制，导致在不同规划指导下的一些项目无序发展。

工程管理是一项综合性工作，是一个多目标约束的高度复杂的管理问题，可以被认为是对一个工程项目的整个生命周期的管理，包括决策和规划、施工、运营和维护的管理。"系统辨治"，需创立一种以环评为核心制度的面向可持续发展的工程管理模式，在该模式中，以环评优化经济发展为核心驱动，内圈是政策链内生运作与传导过程，从政策的制定，到规划的实施，项目的论证、实施、运营。外圈为技术体系保障，通过环境影响评价将经济发展决策的各个环节嵌入环境考量，每个环节都同环境影响评价发生联系，将生态文明、可持续发展理念和各项环保要求通过政策传导链条一级一级地贯彻执行下去，保证环境价值被纳入各个机构和部门的决策中，保证每个经济建设活动环节都不"掉链子"，实现社会、经济和环境等效益的统一，最后提出可持续发展的对策或建议，为新一轮政策的制定提供决策参考，实现环境保护与经济发展相互促进和螺旋上升，推进经济发展步入良性循环轨道。为了提高环评制度效能，除了需要以环评为载体，将环境要求嵌入经济运行全链条，还需要以环评为手段将科技嵌入管理决策体系，提升决策的科学性（图4-4）。

在这个模式下有三个层次：

从环评（宏观层次）到环评（微观层次），沿决策链开展环评并向下传导。 地方政府和有关部门作为相关规划的制定者和决策者，在制定和实施与环境相关的发展战略、专项规划和产业政策时，要从经济、

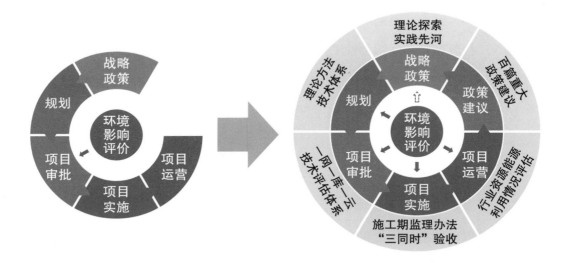

图4-4 以环评为核心制度的面向可持续发展的工程管理模式

社会、环境等多个维度对决策实施可能产生的影响进行分析，把能够满足国家、区域、流域环境质量改善的要求作为硬性约束，通过科学合理的预测，采用系统观协调解决经济—社会—资源—环境问题和矛盾，提出需要防范决策可能隐藏的重大环境风险并制定减缓环境影响的具体措施。战略政策层面的环评重在协调区域或跨区域发展环境问题，划定红线，为"区域开发规划"和规划环评提供基础；规划环评重在优化规划的布局、规模、结构，拟定开发活动负面清单，指导项目环境准入；项目环评重在落实环境质量目标管理要求，优化环保措施，强化环境风险防控，项目环评应符合规划环评准入要求，做好与排污许可的衔接。

从环评到环保，沿着项目工程管理全过程开展环境管理。环评批

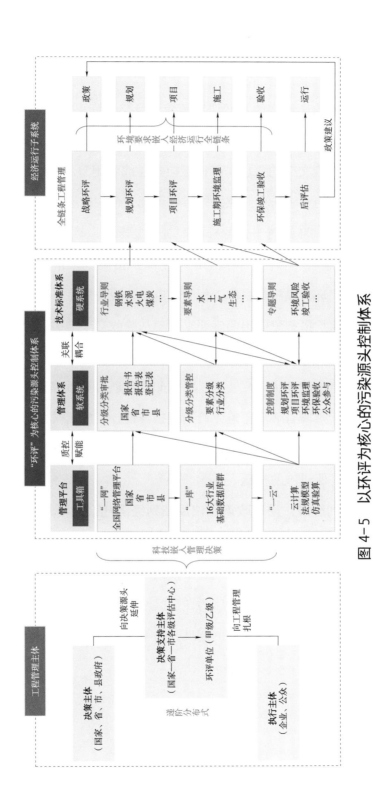

图 4-5　以环评为核心的污染源头控制体系

169

复与审批通过的环评文件是环评后续监管及排污许可的重要依据。"三同时"制度，确保环评要求的落实，防治污染的设施应当符合经批准的环境影响评价文件的要求，不得擅自拆除或者闲置。排污许可制度，衔接环评文件的要求给企业核发排污许可证，企业在运行期间的排污行为需遵照执行，环评对于企业排污控制的要求得以真正落到实处。施工期监理，确保环评中关于施工期环境保护措施要求落实，"三同时"制度更多强调环保设施与主体工程同时施工建设，对生态类项目施工阶段落实环境保护措施没做出明确要求，单从验收环节把关，可能会因为重要的防止生态破坏和环境污染的措施没有落实，导致施工期产生一些不可逆转的生态破坏（专栏4-4）。因此，从项目全过程管理来看，可行性研究设计阶段有环境影响评价制度指导设计，施工阶段有施工期监理规范施工活动检查环评要求的落实，竣工阶段有环境保护设施竣工验收保障工程环保设施的投运。

从环评到经济，通过政策建议反馈到经济社会战略政策层面。利用环评数据库中的环评海量数据，对其进行整理分析，归纳总结重点区域、重点行业存在的主要环境问题反馈给政策规划制定部门，预警经济投资建设后环境保护将面临的压力，为区域和行业环境管理提供数据支持和决策支撑，形成决策支撑的闭环，为下一轮规划制定提供支撑，为经济政策及时纠偏。

专栏 4-4 施工期环境监理：施工过程主动环境控制

为了加强施工期环境管理，2002 年国家环境保护总局联合铁道部等六部委以环发〔2002〕41 号文《关于在重点建设项目中开展工程环境监理试点的通知》的形式，确定青藏铁路、渝怀铁路等 13 个工程建设项目开展施工期环境监理试点，为施工期的环境管理积累经验。

环保监理的介入，使施工期环境管理纳入程序，强化了生态水土流失保护和野生动植物保护，工程中的环境问题得以及时反馈，使施工过程中的环境问题得以控制，生态、景观环境和施工过程污染物的排放得以有效控制，把环保部门被动外部环境控制，转变为施工过程中内部主动环境控制，架起了工程环保与当地环境保护主管部门的桥梁，使国家和地方的环保政策法规得以落实。

以青藏铁路为例，在中国铁路建设史上，青藏铁路首次引入环境监理制度。为确保青藏铁路施工对沿线区域原始生态环境的影响程度减至最小，在工程五年建设中，全过程实施现场环境保护监理工作。青藏铁路建设总指挥部、环保监理单位、工程监理单位以及施工单位克服了任务重、高原生存环境恶劣等不利因素，给予了环境保护工作充分重视，采取了切实可行的保护措施，将铁路建设对环境的影响降到最低限度，保持了施工沿线的生态平衡。

施工期间对藏羚羊等野生动物迁徙通道进行了优化，既有缓坡式上通道，又有立体桥下通道。施工监理宣传和强化环境保护的作用，督促筑路工人自觉保护野生动物，每年 6 月及 8 月两次主动停工保证藏羚羊迁徙；环保监理及时制止违规取土行为，将高寒草皮整体揭下放在温度适宜的空间加以养护，施工结束后再整体铺回原址，同时督促施工单位做到了垃圾归池并进行可降解与不可降解垃圾分类。

　　青藏铁路建设中环保监理的引入，建立了施工期的环保工作制约机制，使施工单位、工程监理单位环保意识明显加强，同时各单位也完善了相应的环境管理制度，保证了各项环保措施的落实，青藏铁路建设的环境保护工作也因此取得了令人瞩目的可喜成绩。

战略政策

政策建议

理论探索
实践先河

理论方法
技术体系

环境影响评价

项目审批

项目实施

第五章

実践

绿水青山第一道防线

《环评法》的颁布与实施，赋予了环评制度新的活力，各类环评实践活动在全国范围依法实施。资料统计显示，2000年以来全国共审批各类建设项目环评600余万项，其中审批的报告书（表）290余万项，占比近半数；2009年《规划环境影响评价条例》实施以来，全国共开展各类规划环评1.07万个。环评作为源头预防的基础性环境管理制度，在我国经济发展、转型的历史进程中，在预防和减轻环境污染、防止生态破坏、促进产业结构调整、优化布局、严格环境准入发挥了重要作用，是推动经济社会绿色转型和高质量发展、推动区域污染物减排、推动加强生态保护，守护绿水青山的第一道防线。

本章通过全面梳理我国《环评法》实施以来，建设项目环评、规划环评，以及经济、技术类政策环评和大区域战略环评等各类战略环评试点情况，结合环评项目案例，总结环评制度的经验和成效，直面环评困境和问题，为环评制度在新形势下持续发挥作用寻求改革方向。

建设项目环评

项目环评开展情况

建设项目环评是我国执行环评制度最早、最广泛和深入的领域。从1979年我国的首个项目环评开始，经过20世纪80年代的实践推广，到90年代逐步走向正轨。资料显示，全国建设项目环评的执行率由1992年的60.4%提高到1995年的86.5%。"九五"期间持续推进环评制度实施，履行环评手续的项目数量稳步增长，环评执行率超过90%，到2000年，项目环评的数量达到13.5万个，执行率达到97%。

"十五"时期随着中国加入世界贸易组织，经济发展进入"快车道"，建设项目环评数量持续增长（图5-1）。数据统计显示，"十五"期间，全国各级环境保护部门共审批133.4万个建设项目，其中国家审批项目2284个，占比0.16%，涉及项目总投资3.28万亿元，环保投资1416亿元，环保投资占比4.3%。从区域来看，环评项目审批数量多的依次是广东、江苏、浙江和辽宁等，审批数量每年都在1万个以上，机械电子、化工石化、建材项目等主要行业项目数量呈上升趋势。

"十一五"期间，2007年、2008年宏观经济调控的波动后建设项目环评数量持续增加，5年全国各级环境保护部门共审批建设项目环评168万个。

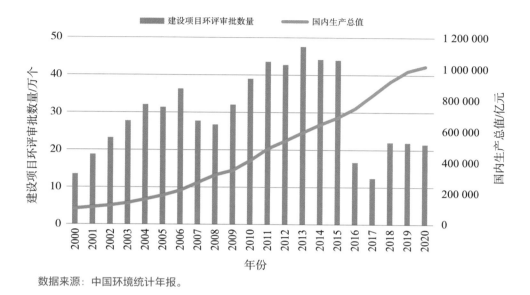

数据来源：中国环境统计年报。

图 5-1　2000—2020 年全国建设项目环评审批数量变化

"十二五"期间，每年建设项目环评数量突破 40 万个，五年共审批项目环评数量 222.2 万个。

"十三五"期间，落实"放管服"要求，实施环评审批改革。简化环评审批程序后，审批环评项目数量大幅减少，5 年共审批环评项目94.9 万个，履行环评手续的项目（包括审批和备案）涉及总投资 145万亿元，环保投资 5.9 万亿元，环保投资占比 4.1%。审批权下放后，国家级环保部门审批的项目仅有 245 个，涉及项目总投资 2.97 万亿元，环保总投资 0.14 万亿元，环保投资占比 4.7%。

建设项目是中国经济增长和民生保障的重要支撑，建设项目环评是中国经济发展的"晴雨表"。环评是企业投资项目建设前期工作的一个行政许可手续，企业投资拟建的项目多，环评受理的项目数量就多，受理的项目类型能够反映投资的领域和热点。"十三五"期间，全国各省（市）审批的建设项目环评数量在一定程度上反映了地方经济总量和活跃程度，见图 5-2，如广东、山东、江苏、浙江、河南等省份建设项目环评审批数量多，与这些省份 GDP 居全国前位有关。

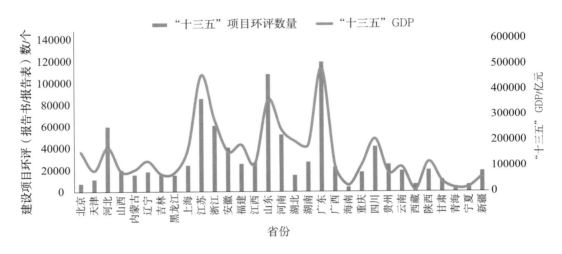

图 5-2　全国各省份"十三五"审批的建设项目环评（报告书／报告表）数与 GDP

环评发挥作用机制

项目环评从技术上需要回答建设项目与国家和地方产业政策的符合性、项目选址是否符合相关规划要求？所有的产污节点是否得到有效控制? 污染物排放是否满足排放标准要求? 污染物排放总量是否满足区域环境质量控制要求? 项目选择工艺是否具有较好的清洁生产水平和工艺先进性? 项目对周边敏感点的环境影响是否可接受? 环境风险是否接受? 项目实施是否会导致区域环境质量下降? 项目生产需要的资源使用是否会影响弱势群体的利益? 项目建设地周边的公众对项目是否接受等问题。 环评文件通过技术评估后,最终由环评行政审批机关来决定项目是否通过。

建设项目环评审批属于行政许可事项。 将环境影响可接受的技术要求,转化为"三挂钩""五不批"等一系列的管理要求,在项目环评执行中落实。 例如"三挂钩"的审批机制,就是通过建设项目与规划环评的联动,实现宏观决策源头的管控要求在具体项目的落实;通过新建项目与现有项目环境管理联动,用新项目来推动企业甚至集团公司现有污染问题整改,实现"不欠新账、还清老账";通过建设项目与区域环境质量联动,实现社会经济发展与资源环境承载相适应。

无论是"三挂钩"还是"五不批",都是为了引导项目落实国家政策、带动现有污染治理和环境问题的解决,推动区域环境质量的改善。在实践中,当开发建设活动不符合上述要求时,审批部门行使否决权。2007—2017 年,国家环保部门共受理建设项目环评文件 3 329 项,共批准 2 681 项,未予批准 648 项(未予批准的统计,包括不批准、暂缓和退回三种情形),未予批准的约占 20%。 未予批准的项目主要集中在 2007 年和 2008 年,共有 388 项,占 11 年未批准总量的 60%,见

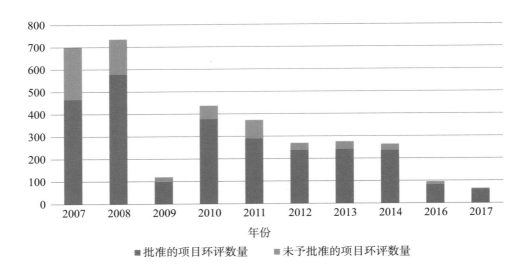

图 5-3 国家级环保部门建设项目环评审批情况

图 5-3。

究其原因，2007 年前后地方经济发展过热，加之 2008 年应对国际金融危机，在"保增长、扩内需、调结构"的经济政策下，一大批国家明令禁止的"两高一资"和产能过剩项目、低水平重复项目再次被报送到环评审批部门。国家环保部门落实国家加强宏观经济调控要求，正确处理好服务与把关、当前和长远、效率和质量、宏观和微观的关系，促进经济又好又快发展，严格项目准入，否决了一批"两高一资"、低水平重复建设、产能过剩、涉及重要生态敏感区域的项目，抑制了"以新带老"措施不到位、未与区域环境质量改善要求挂钩的项目，为经济过热踩了"刹车"。

建设项目环评审批不仅依据行政许可给出了"同意"或是"通过"

的决定，还对项目后续的施工和运行提出了环境管理要求。一般是原则同意环境影响报告书中所列建设项目的性质、规模、工艺、地点和环境保护对策措施，同时还对项目建设和运行管理环保事项作出了规定。以行政审批文书的形式告知项目建设和经营方，以便在项目实施的过程中履行环保义务，同时，这些要求也是对建设项目实施、管理过程中环境监管的重要依据，保证了环评由一纸评价报告到真正发挥效能。

污染影响类项目

污染影响类建设项目主要是因污染物排放对环境产生污染和危害的建设项目，以工业领域的生产性活动为主。我国工业门类齐全、项目数量多，项目污染排放直接影响区域环境质量达标，工业污染类项目是我国开展最早的建设项目环评类型。比如，火电、钢铁、石化、化工、冶金、水泥等行业，既是我国经济发展的重要支撑，也是我国环境污染贡献"大户"。因其能耗、水耗高，污染排放量大，对环境质量产生影响大，项目的上马也会受到区域资源环境的制约。

据统计，"十一五"期间，全国审批建设项目共削减COD排放量1 422万t/a，削减SO_2排放量1 281万t/年，烟尘11 793万t/a。"十二五"起，针对火电行业发展出现的布局中心"西移"新动向，促进区域削减SO_2、NO_x和烟尘排放量分别约38万t/a、45万t/a和18万t/a，分别是新建火电项目排放总量的1.67倍、1.73倍和2.91倍。"十三五"以来，项目环评通过"上大压小""以新带老"等举措，推动

COD、NH_3-N、SO_2、NO_x、烟尘排放量分别减少约 46.8 万 t、3.7 万 t、19 万 t、27.4 万 t 和 42.5 万 t。

在资源环境约束趋紧的形势下，严控污染新增量尤为重要。一般情况下，项目环评论证拟建项目污染治理设施是否能够达标即可，但由于项目落地区域环境质量超标，这就要求项目既要符合排放标准，又要符合区域污染物总量控制要求。环评从提升项目污染治理水平入手，引导新建项目采用清洁生产工艺和设备，倒逼企业老旧设备更新迭代、推动地方政府解决区域现有环境问题，确保新增项目不突破当地污染物排放总量控制目标，实现"增产不增污"或"增产减污"。环评在要求单个项目环保治理设施水平提升的同时也促进了行业污染治理水平的提升，特别是通过"区域限批"政策，可以有效推进地方环境治理力度，能够解决长期没有解决的治理动力不足问题。

以火电行业为例。在我国以煤炭为主的能源结构下，燃煤火电占据了绝对优势的地位，无论是装机容量还是年发电量多年都超过了70%。火电项目是国家产业政策引导的重点，也是我国最早开展环评的行业之一。火电行业环评的实施，一定程度上促进了主要污染物的减排、推动了行业技术装备水平进步和资源利用效率提升。

2001—2015 年，国家共审批火电环评项目约 1 232 个，涉及装机容量达 9.5 亿 kW，其中"十五""十一五"是我国火电快速发展的十年，经国家审批的火电项目分别为 568 个和 462 个，占国家审批项目总数的 46% 和 37.5%。在我国经济快速增长、电力供应不足日益突出的情况下，2004 年国家投资体制改革，火电项目呈现"井喷式"增长，2004—2006 年国家审批的火电项目数量和装机容量占 15 年审批总量的 45% 和 43%。"十二五"期间，国家共评估并审批火电项目 182 个，总投资 7 536.0 亿元，其中环保投资 996.2 亿元，占比约 12.8%，见图 5-4。

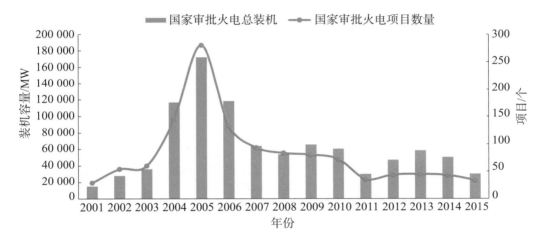

图 5-4　2001—2015 年我国国批火电项目环评审批数量和项目涉及的装机容量

国家审批的火电项目环评数据统计表明，2001—2015 年拟建火电项目全部投产，新增 SO_2 排放量 334 万 t，通过"以新带老""上大压小""区域削减"等措施可实现区域 SO_2 削减量 721 万 t，即在装机容量增加 9.5 亿 kW 的情况下，可实现 SO_2 减排 387 万 t。从实际情况来看，这 15 年来，我国火电总装机容量增加了 2.97 倍，火电行业 SO_2 排放量仅为 2001 年的 25%，单位发电量的 SO_2 排放强度仅为 2001 年

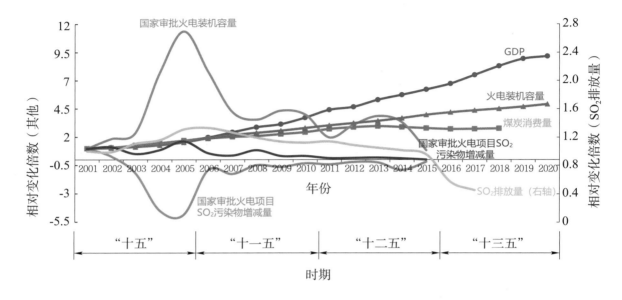

图 5-5　我国经济发展高速期火电行业环评情况与经济发展、污染物排
放耦合分析

的 6.7%，见图 5-5。

随着环境约束趋紧，我国火电行业环评推动企业污染治理水平提升，形成污染控制标准与技术装备和治理水平交替推动的发展模式。

以烟气脱硫为例，《火电厂大气污染物排放标准》（GB 13223—1996）中首次对烟气中 SO_2 最高允许排放标准 ≤ 1 200 mg/m^3 的控制要求，主要通过循环流化床锅炉、海水脱硫、炉内喷钙等措施控制达标排放，没有提出配套脱硫设施的要求。随着我国大中城市大气污染加剧，以煤烟型为主的大气污染导致酸雨的覆盖面积呈明显区域化，我国对 SO_2 等煤烟型污染因子的控制逐步趋严，在项目环评中提出配套脱硫设施的要求，石灰石湿法脱硫技术得到快速发展。

《火电厂大气污染物排放标准》（GB 13223—2003）对新建火电项目烟气中 SO_2 最高允许排放标准控制提升到 ≤ 400 mg/m³，这段时期是我国经济高速发展时期，能源需求不断增加，仅 2005 年国家受理的火电项目环评 280 个，比"十二五"期间国家受理的项目环评总和还多；这段时期也是我国环境治理压力最大的时期，城市空气质量持续恶化，2003 年全国 340 个城市 SO_2 平均浓度为 0.049 mg/m³，25.6% 的城市超二级标准，火电行业 SO_2 排放量为 825.6 万 t，占全国 SO_2 排放量的 38.24%。这一时期火电行业成为环境管理重点，火电行业政策发布最密集，一系列针对火电项目的污染防治技术、环评审批、总量控制等文件纷纷出台。国家审批的火电项目清洁生产水平明显提高，一些指标已接近国际先进水平。

随后，《火电厂大气污染物排放标准》（GB 13223—2011）、《火电厂污染防治可行技术》（HJ 2301—2017）发布，严格的标准又进一步倒逼行业新技术研发与应用，推动技术装备水平和污染治理技术不断提升，对此后的火电项目建设产生了重大影响。

在"套餐式"、可靠的污染防治技术加持和规划环评—项目环评联动的环评机制下，逐步减缓了火电行业发展对环境的压力。火电行业的技术进步，带动我国脱硫除尘脱硝技术的全面普及和提升，推动我国环境质量持续改善。2020 年全国生态环境状况公报显示，全国 337 个城市 SO_2 平均浓度为 10 mg/m³，"十四五"期间我国大气污染物总量

控制指标已由 SO_2 转变为挥发性有机物。

火电行业的环境治理政策演变历程说明，工艺技术装备水平和污染治理技术不断提升，是破解经济发展下，能源需求安全与环境治理持续改善压力这一矛盾的唯一路径，环评制度则是实现这一路径的重要载体和平台。

生态影响类项目

生态影响类建设项目指以生态影响为主要特征的建设项目，涉及资源开发利用、基础设施建设等领域，包括交通运输（公路、铁路、城市道路、轨道交通、港口和航运、机场、管道运输等），水利水电，石油和天然气开采，矿山开采，高压输变电线路等。生态影响类建设项目，具有施工周期长、影响区域广泛、影响难修复等特点，施工期的生态影响往往较运行期更为严重，如建设过程中对珍稀动植物的影响、野生动物栖息地的破坏、生态景观的破坏等问题一旦形成，恢复成本通常较高，甚至无法补救。生态影响类建设项目环评，通常按照"避让、减缓、补偿"的原则，优化选址选线，避让各类自然保护地、生态功能区，强调施工期的生态保护要求，以及生态保护修复与补偿措施。

据统计，近 10 年来，在交通、管线等行业建设项目环评中，通过环境影响评价，约 70% 的项目从环境保护角度优化了工程的选线和选址，最大限度地减小了项目对生态敏感区的影响程度。对确因工程需要或受自然条件限制，无法绕避的项目，也均通过优化线位和场址，将穿越（或占用）自然保护区核心区或缓冲区调整为穿越（或占用）自然保护区实验区，或避开风景名胜区的主要景点，或调整到文物保护单位的外围保护控制地带等。同时采取绿色的工程技术和施工方式，对生态环境敏感目标进行绿色穿越，避免对其生境产生直接扰动。如第4章实践案例，线性工程以隧道或高架等形式穿越。

铁路行业

铁路是国家最重要的线性基础设施、是国民经济大动脉、是重大民生工程。截至2021年，我国铁路总里程达到15万km，是1999年的2.2倍（图5-6），已拥有全球最大的高铁网，高速铁路运营里程位居世界第一，占世界高速铁路总里程的60%以上。铁路建设在促进我国经济社会发展、保障和改善民生、支撑国家重大战略实施、增强我国综

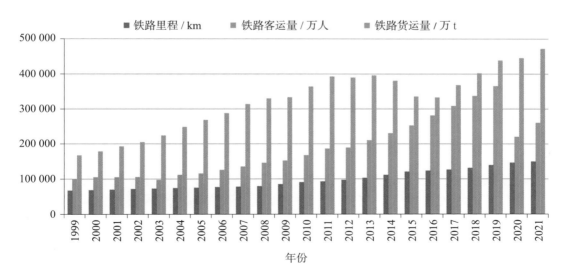

图 5-6 我国铁路建设情况

合实力和国际影响力等方面发挥了重要作用。

铁路工程线路长，在设计过程中受地质条件、技术标准、功能定位等诸多因素限制，选址选线穿越生态敏感区域难以避免。"十一五"和"十二五"期间，国家审批的 212 个铁路项目环评中，多数项目涉及穿越自然保护区或国家级风景名胜区或饮用水水源保护区等敏感区域，不涉及管理中重点关注的特殊生态敏感区及重要生态敏感区的项目仅占总项目比例的 20%。叠图分析显示，2018 年我国已建铁路总里程 13 万 km，穿越自然保护区的总长度为 7 000 多 km，穿越水产种质资源保护区 400 多 km，穿越生物多样性优先保护区约 1.8 万 km。铁路选址选线如何与生态保护目标的要求相协调，尤其对无法避绕的生态保护目标，是铁路建设项目环评工作的重中之重。

环境影响评价促进铁路建设与生态保护同行。通过环评早期介入，将环保理念融入设计决策，优化选址选线，技术评估、审批阶段严格把关，建设实施阶段监督督促相关方切实落实环评要求，减少工程建设对自然保护地、重要生境、人群聚集区的影响。近年来国家环评批复的近 200 个铁路项目统计显示，环评文件明确要求设置大型野生动物通道的路段或提出具体野生动物通道设置要求的项目约 10 个，提出设置声屏障长度近 6 000 km。2005—2015 年国家铁路项目环评批复要求设置的隔声窗总面积超过 628 万 m^2。

据不完全统计，1999—2021 年国家环保部门审批的 156 个铁路建设项目，环保投资占工程总投资的 2%，而通过环评增加的环保投资占总环保投资的 4.2%。截至 2021 年，铁路项目环评保护了 181 个自然保护区、126 个风景名胜区、267 个饮用水水源保护区、90 个森林公园、218 个人文遗产／文物保护地、26 个地质公园、48 个重要湿地以及各类生态保护功能区、水产种质资源保护区，极大地减少了建设项目对自然生态敏感区和重要生境的扰动。

这一个个典型案例是环评据理力争的结果（表 5-1），把"不破坏就是最大保护"的原则真正落到实处，促进了铁路建设与生态环境协调可持续发展。

表 5-1　铁路建设项目环评案例

项目	生态保护措施
新建铁路成都至兰州线工程	成兰铁路项目建设前期，环评听取多方意见，特别是在审批环节，由于原环评文件对自然保护区内环境影响论证不充分、措施不到位，线路与其他铁路包夹居住用地、噪声影响突出，公众参与代表性不足等问题，环境保护部提出"拟暂缓审批"意见。2013 年项目环评批复后，明确提出了辅助坑道优化、禁止在自然保护区内设辅助坑道洞口、严格控制 4—9 月大熊猫繁殖期的施工影响等要求，在项目实施过程中，严格落实环评要求，穿越区域与大熊猫栖息地不在同一海拔高度，对大熊猫及其栖息地的影响程度降低至最小
贵南铁路基长至环江路段	贵南铁路基长至环江路段穿越荔波世界自然遗产地，且捞村（越行）站设置在荔波世界自然遗产地缓冲区内。设计坚持项目在地形特点、地质条件等方面存在制约因素，车站站位受到限制。在环评技术评估过程中，经环评与设计反复核实沟通，最终设计方案中捞村（越行）站向南移出自然遗产地缓冲区范围，避免了对自然遗产地的潜在环境影响
杭长客运专线	选线避让了浏阳市乌川水库水域饮用水水源一级保护区、金华市双龙洞国家风景名胜区、浙江常山国家地质公园等 16 处环境敏感保护目标

续表

项目	生态保护措施
新建铁路成都至重庆客运专线	工程起点成都东站至成龙路桥段涉及蓝谷地小区等多处噪声敏感区，经多次评估论证，最终从 5 个比选方案中选择出工程和环境影响最小的优化方案，使工程与蓝谷地小区最近距离达到 88 m，同时增加生态型声屏障 750 延米，噪声治理投资较可研方案投资增加 1 473 万元，切实将铁路建设对周围居民的噪声影响降到最低
江湛铁路	江湛铁路经小鸟天堂段的全封闭声屏障，是国内首例桥上全封闭式声屏障，设计降噪效果到达 15dB，铁路运营对鹭科鸟类为主的栖息、繁殖影响可得到减缓
湘桂线衡阳至柳州段扩能改造工程	工程改为既有线增建一条客车线，货车采取外绕方案，在桂林市区段采取客货分线，客内货外的布局，减轻铁路对桂林城区段的噪声影响，增加投资约 11 亿元
宝鸡至兰州客运专线工程	通过评估，优化选址选线 13.56km，噪声影响人数减少 3 万人，减少拆迁 13 万 m²
重庆至利川线工程	初始工程设计以隧道形式穿越张关——白岩风景区约 2.8km，隧道通过灰岩地层，施工时可能引起线路两侧 7km 范围地表水漏失，对该区域内生产和生活用水产生影响，经与建设单位多次协调和沟通，最后工程设计方案完全绕避了保护区和张关——白岩风景区，为此线路长度增加 3.1km，投资增加 3.6 亿元

水电行业

水电项目是我国国民经济和社会发展的基础和命脉，是重要的基础设施建设内容之一。"十三五"之前已基本完成了湘西、闽浙赣、东北、黄河中游北干流四大水电基地的开发，"十三五"期间，随着金沙江白鹤滩等大型水电（水利）工程开工，长江上游金沙江、雅砻江、大渡河、乌江、长江上游干流、黄河上游、南盘江、红水河以及西南诸河八个水电基地开发布局也基本完成。

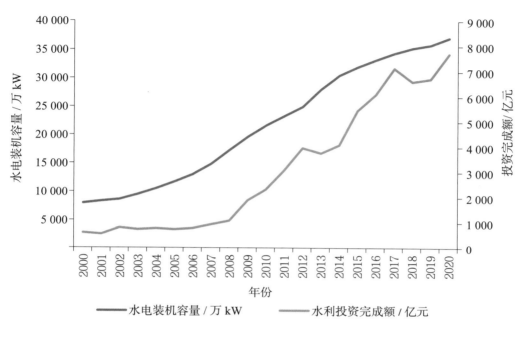

图 5-7　2000—2020 年我国水电建设情况

2020 年我国水电装机容量突破 3.5 万亿 kW，年发电量 1.36 亿
kW·h，投资完成额超过 7 700 亿元（图 5-7），已成为举世瞩目的水
电大国，水电总装机容量占我国电力总装机容量的比重达到 16.8%；四
川、云南、湖北、贵州等长江流域省份水电分布集中，占全国的近六成
（图 5-8）。我国水电装机和发电量分别占非化石能源总装机和发电量
的 45% 和 64%。发展水电是我国调整能源结构、发展低碳能源、节能
减排、保护生态的有效途径。

水电开发建设周期长，对河流生态影响主要表现在淹没、径流调节
变化、大坝阻隔引起的对河流水环境、水生生态、陆生生态的系统性影

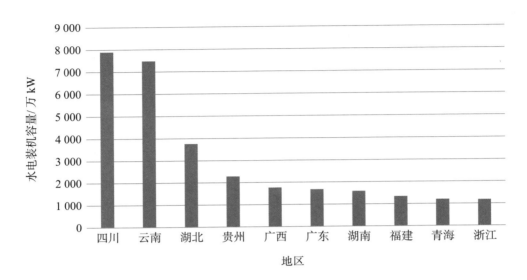

图 5-8 我国水电装机规模最多的 10 个省份

响，具有长期性、叠加性、累积性特征。例如大坝阻隔作用，导致自然流水生境减少，河流上游产卵场易遭破坏；水电调峰造成水文发生显著变化，鱼类繁殖期频繁和水位变幅剧烈，会导致浅滩浅水区的鱼卵暴露在空气中干燥死亡，造成鱼类繁殖生境功能丧失；大坝带来的滞温趋势造成下游河段鱼类繁殖期推迟。水电开发集中的西南地区，自然地理条件复杂、生物多样性丰富，是我国江河流域重要的水源涵养区和生态屏障，生态环境敏感，多条大江大河水电开发强度大，仅云南、四川水电发电量就占全国水电发电总量的 48%，水电开发应更要加强生态环境保护工作。

环境影响评价促进水利水电建设在保护中有序开发。水利水电建设项目是最早开始实施建设项目环境影响评价的领域之一。特别是

2006 年，国家环境保护总局环评司颁布了《水电水利建设项目河道生态用水、低温水和过鱼设施环境影响评价技术指南（试行）》（环评函〔2006〕4 号），该指南对河道生态用水量的确定、水库水温预测方法和过鱼设施设计技术参数等进行了详细的说明和规定。生态环保理念进一步融入国家水电发展方针，由"十五"时期的"积极开发水电"调整为"在保护生态基础上有序开发水电"。

随着水电建设项目环评工作的不断深入，技术手段不断丰富，各项生态保护措施不断应用并推广，在大渡河安谷水电站、枕头坝一级坝、紫坪铺水利枢纽工程、哈达山水利枢纽等项目环评中，从环保角度提出了优化调整工程设计、加强生态环境保护措施的具体意见，对梯级布局、装机规模和开发方式进行了优化，避让了重要的保护地，切实做到保护与开发并重。

泄放生态流量、栖息地保护、鱼类增殖放流、建设过鱼设施、高坝大库低温水减缓等措施成为水电行业环评中必须重点分析论证的内容。在对低温水的设计优化上，董箐水电站、双江口水电站及猴子岩水电站分别提出了前置挡墙、塔式进水口等方式，取表层水发电，提高下泄水水温。在生态下泄流量上，2006—2015 年国家审批的 61 个水电项目中，除与下游已建电站衔接和径流式电站，其余水电项目环评均对最小下泄生态流量提出了要求。

鱼类增殖放流是水电行业环评最先推行的生态保护措施之一。2006—2015 年 57 个常规水电项目均采取建设鱼类增殖站的措施，部分电站还提出了加强支流保护，提供替代生境等措施；目前长江、黄河流域平均每 2.4 个水电站配套 1 座增殖放流站，初步形成了鱼类增殖放流的设施支撑条件。部分项目增殖放流措施发挥了积极保护效果，以金沙江中游梨园水电站为例，2014—2019 年累计 6 次增殖放流后，监测发现放流鱼类资源量有所增加，增殖放流效果初步显现。

2005 年底，国家环境保护总局召开了水利水电建设项目水环境与水生生态保护技术政策研讨会；2006 年年初，国家环境保护总局环评司发布《水电水利建设项目河道生态用水、低温水和过鱼设施环境影响评价技术指南（试行）》，推动了水利水电项目过鱼设施的规划设计、建设和相关技术研究的多方面的发展；2013 年颁布了《水利水电工程鱼道设计导则》，进一步规范了鱼道的设计要求。自"十二五"开始，建设过鱼设施逐渐成为水利水电工程必须考虑的环保设施，国家审批的 28 个项目中，有 19 个项目设计了鱼道、4 个项目设计了升渔船等，典型案例见表 5-2。

表 5-2　水利水电建设项目环评案例

水利水电项目	生态保护措施
大渡河安谷水电站	该工程位于四川省乐山市大渡河下游汇合口河区域，装机容量为 772MW，混合式开发。在 2009 年项目环评技术评估中结论为不可行。根据评估意见，建设单位对工程设计进行了多项优化，并加强了环保措施。与原工程设计方案相比，减少弃渣占地 219.61hm² (为原弃渣总占地的 49%)。通过设置防自然劳通道，河网连通工程等措施，使最小下泄生态流量由 70m³/s 增至 150m³/s。工程投资增加了 10.79 亿元，其中环保投资增加了 4.23 亿元，是原环保投资的 3.14 倍。通过技术评估，最大限度地保护了河网生态和湿地生境，切实做到了环境保护与开发并重
枕头坝一级电站	该工程位于大渡河中游四川省乐山市，总装机容量 72 万 kW。环评技术评估提出利用右岸纵向混凝土围堰改建鱼道，优化电站枢纽工程布置，加强通过鱼效果研究的要求，直接投资增加 6 869.34 万元
沙坪二级水电站	该工程位于大渡河中游四川省乐山市，枕头坝一级坝址的下游，总装机容量 34.8 万 kW。环评技术评估提出，将沙坪二级水电站坝址下游约的 7km 流水河段，大渡河深溪沟—龚嘴库区主要支流龙池河汇口，龚嘴库区主要支流龙池河汇口和果水河汇口以上各 2km 河段作为鱼类栖息地进行保护。提出利用枢纽导漂闸改建鱼道等方案，优化了电站枢纽工程布置，并提出了过鱼监测和过鱼效果研究的要求，直接投资增加 4 872.4 万元
乌江银盘水电站	该工程位于重庆市武隆县境内乌江干流，电站装机容量 60 万 kW。电站采取坝式开发，具有日调节性能。评估要求在支流长溪河设立长溪河鱼类自然保护区进行生境保护，同时与彭水电站合建鱼类增殖站进行增殖放流
江西洪屏抽水蓄能电站	该工程位于江西省靖安县境内，装机容量 120 万 kW。工程下水库占地及水库淹没涉及南方红豆杉、樟树、永瓣藤和花榈木 4 种国家级保护植物共 3 027 棵，省级保护植物水松、福建柏、白兰共 5 株。评估提出，在下水库坝址附近合业主营地建立珍稀植物园，进行保护植物移栽，增加环保投资 853.81 万元。另外，应结合当地的景观特色，利用弃渣对上水库库区副坝、西南副坝地形地形后地形进行景观再塑造，改善大坝周围的景观，增加环保投资 500 万元
四川省木里河立洲水电站	该工程位于四川省凉山州木里县，电站总装机容量 35.1 万 kW，混合式开发，具有季调节性能。工程坝区石料场开挖对坝区植被及景观影响较大，特别是施工临时道路的开挖，将导致该区域大量植被破坏和水土流失。评估提出采用 "地下粗碎 + 皮带机传送半成品运输" 方案，减少了工右方开挖和植被破坏，有效减缓了施工期的生态影响
红河马堵山水电站工程	该工程位于红河哈尼族彝族自治州的个旧市和金平县境内，电站装机容量 30 万 kW，按日调峰进行运行，采取迳坝式开发。评估提出坝址紧靠省级新街镇自然保护区较近，同时水电站调峰运行，对下游水文情势影响较大。评估提出在移民安置点安置移民一侧设置保护区隔离网，在下游新街河建闸网，电站不可承担日期调峰任务
引嫩入白工程	引嫩入白工程可调减 5 万亩水田，优化了项目布置，减轻了对莫莫格国家级自然保护区影响

规划环评实践

规划环评执行情况

相较于建设项目环评，规划环评在我国的实践时间较短，推广实施的难度更大。规划环评入法之初，实践基础十分薄弱，受到当时对规划环评认知的限制，规划编制单位主动开展规划环评也几乎不可能。通过规划环评项目试点推广规划环评理念、积累技术方法、探索工作模式是既可操作又有效的方式。一方面，抓住我国每五年一次规划的窗口期，引导有发展动力和需求的地方政府，主动开展规划环评试点；另一方面，与规划主管部门沟通交流，获得规划主管部门的支持联合推动；同时，针对矿区规划、轨道交通规划环评、铁路网规划环评、区域规划环评等直接布局项目的规划类型，实施项目环评与规划环评联动管理。多年的试点总结，支撑了2009年《规划环境影响评价条例》（以下简称《条例》）出台，《条例》进一步推动了规划环评的实施。

数据统计显示，2008—2020年，全国各级环保部门共审查了万余个规划环评（图5-9）。2008年，我国每年开展规划环评项目不足100个，2009年《规划环境影响评价条例》实施后，规划环评审查数量明显上升，"十二五"期间共有3 000余项规划环评报告，每年数量总体稳定在600~700项，"十三五"期间明显增加，数量达到5 000

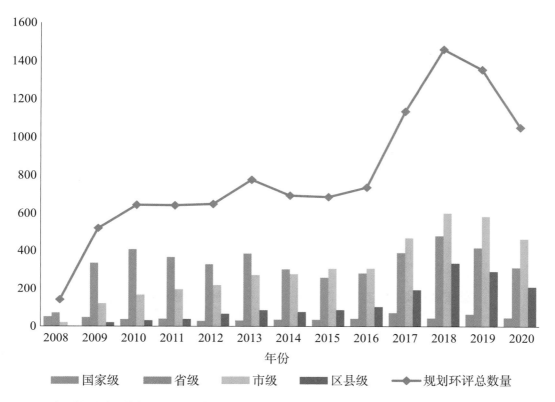

注：数据来自评估中心规划环评信息平台，2008 年国家审查数据据环境年鉴校正。

图 5-9 各级规划环评执行（审查）情况

余项，数量随着五年规划编制周期有所波动，其中 2017—2019 年数量最多，每年均在 1 100 项以上。从规划环评审查层级来看，省级、市级审查占主体，约占 80%，"十三五"以前省级数量高于市级数量，"十三五"开始市级超过省级，占比不断增加，同时，区县级数量也有明显上升。从各地来看，山东、河南、浙江、江苏等省规划环评数量最多，见图 5-10。

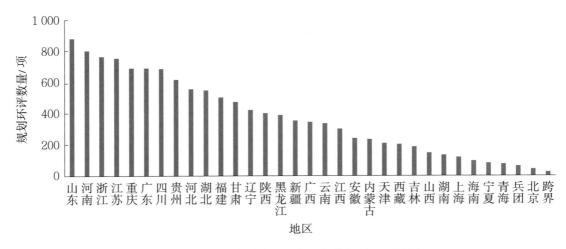

图 5-10　各省级行政区规划环评开展情况

　　专项规划是法定规划范围需要开展规划环评报告书的主要领域，2013—2020 年国家级及省级审查的专项规划环评报告书共计 800 余个，其中，国家级审查的约占 80%。主要开展领域为交通、能源、水利、自然资源开发等，占总量的 80% 以上（图 5-11）。其中交通领域专项规划最多，主要涉及铁路、公路、交通路网、城市轨道交通、航运、港口等；能源领域次之，主要涉及煤炭生产开发、电力发展规划等能源专项规划，如山西、宁夏、内蒙古、新疆、陕西等我国重要煤电基地均开展了规划环评。水利相关规划环评数量第三，主要涉及流域综合规划、水资源综合规划等，众多大江大河、重要中等河流和一般中小河流流域综合开展了规划环评，据不完全统计，全国共有 200 多个（次）不同尺度上的流域综合规划开展环评工作。自然资源开发规划位列第四，其中执行较多的是煤炭矿产资源开发规划，截至 2019 年底，

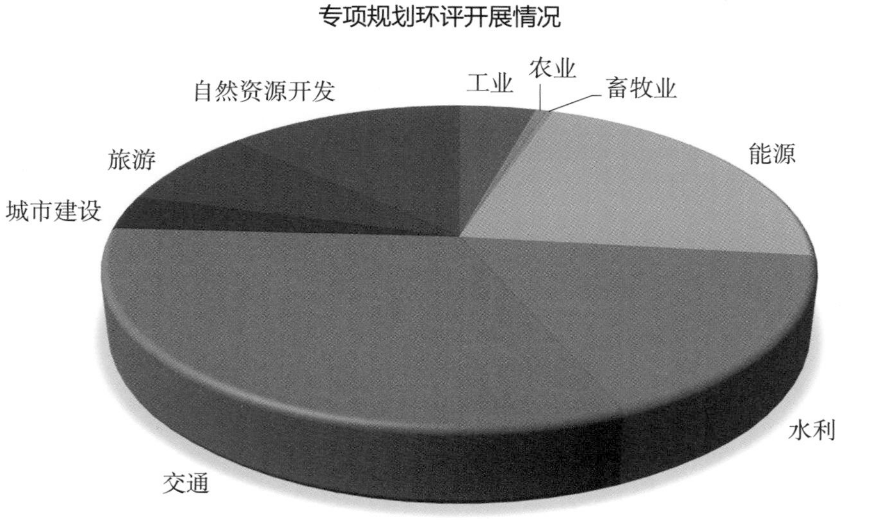

专项规划环评开展情况

**图 5-11　2013—2020 年全国专项类规划环评报告书审查情况统计
（国家级和省级）**

　　我国 14 个大型煤炭基地、162 个国家规划矿区中，有 98 个已开展了煤炭矿区规划环评。

　　产业园区规划环评是一类特殊的规划环评，属区域规划环评。产业园区是我国经济发展的重要载体，产业园区直接引导建设项目准入，抓住产业园区规划环评对地方环境管理具有事半功倍的作用，因此，产业园区类规划环评是我国开展规划环评数量最多的领域。根据相关统计，全国不同级别的产业园区，开展规划环评 8 000 余个（次），占全部规划环评开展总量的 75% 以上。部分省份基本实现省级以上产业园区规划环评全覆盖，珠三角、长三角等发达地区还逐步拓展到市级和县级产业园区。以江苏省为例，截至2020年，全省有158家省级以上开发区，除2家不涉及工业开发规划，有147家已完成规划环评，9家新设立的正在编制规划及环评；江苏省南通市20家市级以上产业园区全部开展规划环评，还将开展规划环评的产业园区范围拓展到县级和乡镇级。

规划环评工作机制

早期介入，与规划互动

根据《规划环境影响评价条例》（以下简称《规划》）的要求，规划环评应早期介入、全程互动，促规划完善。通过在规划编制早期介入和规划同步开展，在评价过程中，评价单位与规划编制单位开展多轮互动、沟通，就规划的需求、环保的要求进行反复协商，提出规划的范围、规模、布局、结构等方面的优化建议，推动将环保考量纳入规划方案，最终实现规划科学决策。

例如，山西省煤电基地规划环评在编制过程中与规划互动充分。山西省发展改革委作为规划编制单位与环评技术单位进行了多次充分、有效沟通。环评技术单位从发展思路、规划规模、规划布局、建设时序、治污措施等方面对规划提出了优化调整意见和建议，先后两次调整了规划新增装机规模和时序，第一次协商后将装机规模由2554万kW调整为1676万kW，第二次协商后将1676万kW装机规模中的332万kW

建设时序后移，不纳入"十三五"规划。

再如，宁东能源化工基地在确定未来产业发展方向和产业规模时，开展了三轮规划环评工作，并在规划实施的过程中将规划环评确定的资源条件和环境承载力作为重要依据，规划产业发展内容基本控制在历次规划环评提出的要求之下，三轮规划环评在优化宁东能源化工基地产业发展定位、布局、规模及时序方面的作用凸显，有效提高了规划的科学性，实现了从源头遏制产业无序发展和减缓规划实施环境影响的目的。

又如，在湟水河流域综合规划环评与规划互动过程中，明确流域不再新开发水电站，《中华人民共和国水力资源复查成果》（2003 年，黄河流域卷）中的新增梯级均不再实施。绰尔河流域综合规划环评在与《规划》互动过程中，要求绰尔河不再规划和新建拦河设施，取消上游别勒汉等 3 座水电以及河口水利枢纽工程。

区域会商，促协同共治

规划环评搭建了跨区域及部门间综合决策的会商平台。2015 年，环境保护部印发《关于开展规划环境影响评价会商的指导意见（试行）》（环发〔2015〕179 号），为解决环境影响突出行业的跨区域、跨流域生态环境问题搭建了会商平台。实践表明，通过会商机制的深入推进，解决了很多影响规划实施的重大生态环境问题，推动了重点区域联防联控。

例如，山西煤电在基地规划环评过程中，山西省发展改革委会商北京、河北两地政府和相关部门，在控制火电机组超低排放限值、保障下游生态用水需求、提升跨省域突发环境事件处理能力等方面达成共识。南盘江流域综合规划环评中，水利部珠江水利委员会联动云南、贵州、广西三省（区）的水利、环保等部门，就科学确定干支流开发方式、时序，取消流域内引水式电站建设、暂缓中小水电梯级开发等达成一致意见，为规划顺利实施和重大项目落地提供保障。

重点领域规划环评实施

我国规划环评管理中，突出产业园区、矿区、流域、能源资源开发等环境影响突出的重点领域。不同领域做法各具特色，积累了丰富的实践经验，本书选取产业园区、流域两个重点领域规划环评实施情况分析。

产业园区

产业园区是我国工业化、城镇化快速发展和对外开放的重要平台，也是污染高发地和污染减排主阵地，其整体环境保护水平关系到我国环境保护发展大局，加上与项目联动需求大，产业园区类规划环评也是我国开展数量最多的一类规划环评，其规划环评已经成为严格园区项目准入、污染源头预防、推动园区环境管理的重要抓手。据统计，全国各省份共开展各类产业园区规划环评 8 000 余个（次），其中山东、江苏、河南、河北、浙江、四川等省份规划环评数量最多，均超过 400 个（次），见图 5-12。

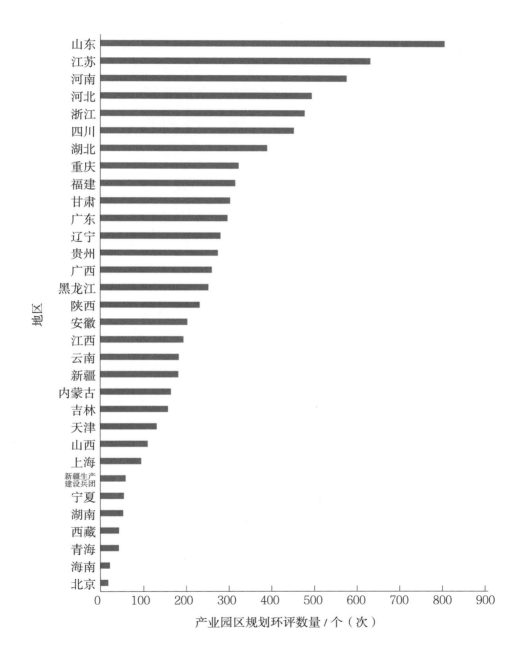

图 5-12 全国产业园区规划环评开展情况（截至 2020 年）

以国家级产业园区为例，截至 2020 年，我国国家级产业园区共计 586 个，规划环评已通过各级生态环境主管部门审查的共计 360 余个，总体执行率为 62%；通过国家生态环境主管部门审查的 130 余个。开展规划环评的产业园区主要是环境影响相对突出的经开区和高新区，386 个经开区和高新区中，通过各级生态环境主管部门审查的共计 305 个，总体执行率为 79%；通过国家生态环境主管部门审查的共计 102 个（部分为跟踪评价），部审率为 26%。综合报税区、出口加工区、边境／跨境经济合作区等其他类型国家产业园区面积小、产业类型单一、环境影响较小，各省基本均未开展规划环评工作。

产业园区产业类型多、敏感性强、与群众关系密切，其规划环评工作内容复杂。 产业园区是地方经济发展的主要引擎，但产业园区规划范围内或周边往往有居民居住，敏感性较强。产业园区发展往往包含 1 个主导产业和多个下游产业，污染因子种类多，污染物排放量大，对产业园区规划进行环境影响评价时，需全面考虑影响人类生活的大气、水、土壤、噪声等因素，每项因素均需重点评价，工作内容较复杂，工作量较大。

各类型产业园区环境污染和影响特征不同、所在区域生态环境约束不同，规划环评编制过程中需针对区域环境特征、园区的污染特征开展评价，重点围绕产业布局、发展规模、结构调整、污染减排、基础设施、园区环境管理等方面提出有针对性、可操作性的规划调整建议及污染减缓措施。从企业污染类型、区域环境要素特征、区内及周边居民等环境敏感点分布等角度综合考虑，提出相应的产业布局和功能区设置优化建议。例如，园区规划环评针对工居混杂的布局性矛盾，解决居民投诉等问题，对紧邻居民区的用地类型，提出项目准入的控制性要求，对于影响较大的企业，提出搬迁或整改建议。再如，沿海某国家级园区，规划拟采取围填海实施扩区发展，规划环评经过影响论证，提出取消对生态环境影响较大的需围填海的规划范围，最终被规划部门采纳。

从国家和区域发展战略、区域资源环境约束、环境敏感目标以及产业链特征等角度，综合考虑区域环境质量现状和目标、环境承载能力，梳理区域重大资源环境资源制约和环境风险，提出园区发展的产业定位优化建议和产业准入要求。例如黄河流域某产业园区，规划环评基于区域水资源承载力不足问题，建议取消其纺织产业定位。江西樟树工业园规划环评建议充分发挥盐化工产业链优势，不再发展氟化工。

从加强环保设施配套角度，在区域现状环境问题、环境质量目标和规划环境影响分析的基础上，提出园区污染治理和减排、主要污染物总量控制等要求，在环境影响预测基础上，提出包括污水集中处理、集中供热、固体废物集中处置、污染源监测监控体系、环境管理制度等配套环境基础设施和制度建设要求。

产业园区是建设项目的集聚区，产业园区规划环评与建设项目环评联动提高对项目的指导性。 2015 年，生态环境部发布《关于加强规划环境影响评价与建设项目环境影响评价联动工作的意见》（环发〔2015〕

178 号），提出强化规划环评宏观指导、简化相关环评微观管理的具体举措，建立规划环评与项目环评联动的机制。据不完全统计，全国超过 60% 的省（区、市）出台相关管理制度，将规划环评结论及审查意见作为审批建设项目环评的重要依据。各地审批建设项目环评时，特别是位于产业园区内的建设项目时，发挥规划环评约束和指导作用，对规划环评结论不支持的建设项目一律不予批准；对符合规划环评的建设项目予以简化审批程序和评价内容，服务营商环境优化。

流域规划

流域开发活动对流域生态系统产生持续、大范围的扰动，长期的累积效应对水生态系统、重要生境，生物多样性可能产生不可逆的影响。流域综合规划、水资源配置工程规定等流域开发规划环评是环保部门管理的重中之重，2014 年环境保护部与水利部联合发文，强化水利规划环评的早期介入和与规划的全过程互动，推动流域统筹、维护流域生态安全。2021 年出台的《规划环境影响评价技术导则 流域综合规划》（HJ 1218—2021），适用于统筹研究一个流域范围内与水相关的各项开发、治理、保护与管理任务的水利规划，进一步规范了流域规划环评执行。

全国七大流域综合规划中，长江流域 9 条重要支流、黄河流域 8 条重要支流、珠江流域 8 条重要支流、松辽流域 4 条重要支流规划均开展了规划环评。据不完全统计，截至 2021 年，全国共开展流域开发相关规划环评 500 余项，涉及 20 余个省级行政区，其中福建、西藏、云

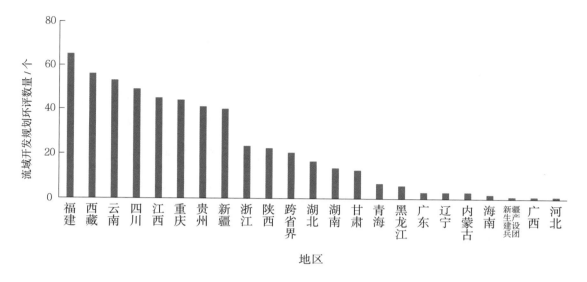

图 5-13 全国流域开发规划环评开展情况

南、四川、江西等地区开展较多，见图 5-13。

流域规划环评以流域系统性、整体性保护为目标，以统筹流域水资源、水生态和水环境保护为重点。根据技术导则要求，水资源方面，重点关注规划实施对水资源开发利用强度，水文情势和水资源时空分布，以及生态流量保障程度的影响。水生态方面，重点关注规划实施对流域生态环境功能、生物多样性的影响，以及规划布局与流域重要生态空间保护要求的符合性。水环境方面，重点关注规划实施后水环境质量目标的达成情况。

在实践中，流域规划环评围绕统筹平衡水资源开发利用和水环境与水生态保护，以底线思维避免开发建设侵占红线区域，加强生态格局维护，将重点支流纳入栖息地保护，在此基础上调整规划实施时序和规模布局，提出不利环境影响预防及减缓措施，保护河流生态安全、预防重大环境风险、强化流域开发可持续性、生境完整性保护等方面的作用。

2016—2018 年，国家审查通过的 20 项流域规划环评中，220 多条干支流水利水电工程被取消或暂缓；多段干流及约 80 条支流纳入栖息地保护；提出梯级补建过鱼设施、增殖放流站，保障河湖连通以及重要断面生态流量等要求都纳入相关规划，减少跨流域调水，提出了保障下泄流量、恢复河流连通性等要求。在流域规划环评及审查过程中，均提出了严格的流域生态空间保护要求。2019 年，开展的湟水河、岷江、绰尔河、诺敏河 4 条流域综合规划环评中，湟水河流域综合规划环评提出将湟水干流海晏以上河段，大通河武松塔拉至默勒、皇城、青石嘴至东川等河段纳入鱼类栖息地加强保护；绰尔河流域综合规划环评提出将绰尔河干支流作为鱼类栖息地进行保护；诺敏河流域综合规划环评提出进一步突出流域珍稀冷水性鱼类生境保护的功能定位，将诺敏河干流及上游支流、毕拉河及其支流作为重要栖息地纳入优先保护水域。

不同流域生态功能定位、资源环境约束不同，规划环评侧重也有所不同。

● 黄河流域规划环评重点协调"三生"空间的用水矛盾。例如，位于陕西省的无定河河流内工农业用水量持续增加且上游水利工程导致下游河道减水明显，2015年水功能区水质达标率仅为42%，规划环评为保障河道环境用水和提高水质达标率，要求规划进一步优化水资源配置，减少工业用水配额 2.43 亿 m^3。

- 长江流域规划环评通过加强水污染防控保障流域生态环境安全。例如，沅江流域受磷化工污染和水电开发影响突出，干支流污染负荷持续加重，规划环评要求严控磷化工开发，同时取消一级支流外全部水电开发规划，补充下游环境用水，确保洞庭湖区水质改善。

- 珠江流域规划环评强化"三场一通道"保护，保护鱼类生境的完整性和联通性。例如，韩江流域规划环评建议将干流、一级支流源头区列为禁止开发河段，保护共87 km天然河段的水生生境，同时优化河口五闸调度运行方式，实施过鱼生态调度、增设过鱼设施，畅通花鳗鲡等保护动物洄游通道。

政策环评探索

经济、技术政策关系到一个国家、地区或部门长期发展，其影响涉及时间跨度大，空间范围广，影响类型多样，政策执行过程中不确定性因素多，可能会对生态环境造成潜在的重大影响。国际上，政策环评是战略环评的重要内容；在中国，2002年政策环评未能写入《环评法》，早期政策环评主要在学术领域开展理论探索和案例试点。随着深化行政管理体制改革，对决策科学化的要求进一步提高。

2014年《中华人民共和国环境保护法》修订后，环境保护部组织开展了连续5年的"重大经济政策环境评价"试点研究工作，包括2014年的新型城镇化政策和经济发展转型政策环境评价研究，2015年的发达城镇群协同发展政策和钢铁行业转型政策环境评价研究，2016年的中西部地区人口就近城镇化政策和重点能源转型政策环境评价研究，2017年的城乡一体化政策和农业现代化政策环境评价研究，2018年的石化行业转型政策环境评价研究。这些试点案例的研究对象主要是已发布的政策或政策合集，案例研究成果在真正实现参与政策决策上发挥的作用有限，更多的是从技术方法层面探索评价可行的技术路线和适用的技术方法，探讨适合我国国情的政策环评框架体系。

2019年国务院出台《重大行政决策程序暂行条例》后，生态环境部在试点案例研究的基础上，借鉴美国、加拿大、英国、欧盟、世界银行和相关国际组织制定的政策（战略）环境评价技术指南等，2020 年出台了《经济技术政策生态环境影响分析技术指南》（试行）。技术指南是为经济、技术政策的制定者在分析政策的生态环境影响方面提供技术参考，尚未在行政程序上作出要求。目前，政策生态环境影响分析处于初步推广阶段。2021 年，生态环境部围绕涉及自然资源开发利用、产业结构调整和生产力布局，以及可能对生产和消费行为产生重大影响的经济、技术政策，启动了新一批政策环评试点。通过试点进一步深入研究不同类型政策生态环境影响分析评价方法、探索技术路径和工作机制，进一步完善技术方法体系，寻求与政策决策周期相适应的评价技术方法；基于政策类型及政策内容的不同，产生生态环境影响的作用机制也不同，建立政策生态环境影响分析案例库，为推动决策机构在政策制定过程中更好地考虑对生态环境的影响提供技术保障，为构建完善的政策环评制度奠定基础。

关于政策环评是否需要纳入环评法律体系的讨论一直存在，"有为才有位"。大力开展政策环评试点，总结政策环评实施成效及作用机制，让政策环评在政策制定、实施过程发挥源头预防作用，是保障政策环评"有位"的前提，有用的、好用的制度才是有生命力的制度。2021 年生态环境部联合部分省市进一步推动政策环评试点，表 5-3 是国内政策评价研究实践与评价方法总结。

表 5-3　国内政策环评研究实践与技术方法总结

政策类型	作者 / 题目	年份	相关政策制度	分析与评价方法
工业	李巍 等	2000	汽车产业政策	汽车工业发展水平评估 多方案污染排放量预测
国有资源	韦洪莲 等	2001	西部开发政策	净环境效益核算方法 环境友好度核算方法
	徐鹤 等	2003	污水资源化政策草案	社会—经济—环境效益分析法
	于书霞 等	2004	土地利用政策	Costanza 全球生态系统服务功能价值核算方法
商贸	毛显强 等	2005	农业贸易政策	转移矩阵法、德尔菲法
	吴玉萍 等	2011	贸易自由化政策、自由贸易区协议	行为方案 / 贸易政策清单—影响矩阵分析法、情景分析法、指标综合分析法
农业	任景明 等	2009	农业政策	利益相关者分析法
	邱怡慧 等	2017	集体林权制度改革、林业政策	DPR(驱动力—压力—响应) 模型分析法、ArcGIS 分析法
城镇化	新型城镇化政策环境评价研究	2014	新型城镇化政策	矩阵法、德尔菲法、向量自回归模型
	发达城市群协同发展政策环境评价试点研究	2015	城镇发展与城市群发展政策	利益相关方分析法、产业协同的 CGE 模型、SWOT 分析
	中西部地区人口就近城镇化政策环境评价试点研究	2016	城镇发展政策	资源和环境问题核查表法、SWOT 分析
经济发展转型	经济发展转型政策环境评价	2014	经济转型特殊政策	技术前沿生产函数法、全要素生产率评价、绿色发展综合评价、耦合协调度评价模型、产业梯度系数模型
	钢铁行业转型政策环境评价试点研究	2015	钢铁行业转型政策	影响力系数计算、生命周期理论 (LCA)、基于技术选择的不确定性分析方法
	重点能源转型政策环境评价试点研究	2016	能源转型政策（煤炭）	成本效益分析法、利益相关方分析法压力—状态—响应模型法

环评制度总体成效

推动环保参与综合决策，源头预防环境风险

我国在环境保护制度建立之初就确立了以建设项目为主的环评制度，随后《环评法》的颁布实施加强了建设项目环评的法律地位，并将环评的范围拓展到规划环评，通过环评早期介入和深度参与，将环保考量纳入规划和项目方案，优化规划和项目决策，构建了环境保护参与经济发展综合决策的管理机制。随着环评制度的不断发展完善和持续的部门联动，政府部门在决策中考量环境因素的意识在不断提升，对环评的态度在悄然变化，相关部门在制定产业政策、招商引资过程中提前考虑环境因素，与环保部门进行前期对接沟通，与环保部门的对立博弈关系逐步向协作共赢转变。规划实施和规划审批部门对规划环评的重视程度逐步提高，规划环评的执行率也大幅提升。

习近平总书记说过，"规划科学是最大的效益，规划失误是最大的浪费"。从环境的视角来看，不合理的规划布局、不科学的规划规模，还将造成不可承载的环境影响和难以防控的风险隐患。规划环评通过在规划编制早期介入和规划同步开展，在评价过程中与规划编制部门的多轮、反复互动沟通，针对规划实施的资源、生态、环境制约因素提出的规划优化调整建议，并及时反馈给规划编制机关，推动将生态环境保

护要求融入规划决策，最终实现规划方案的优化。

在重大工程上，特别是关于区域经济发展和社会民生的重大项目，如交通、资源能源开发配置类项目，建设投资高，涉及范围广，一旦建成将在未来很长一段时期运行和使用，所产生的生态影响是不可逆的。通过方案设计，环评及时介入，通过科学评估提出项目方案优化建议，把潜在的生态问题解决在项目设计阶段，尽可能避免或减轻项目实施带来的生态影响，所能带来的综合效益也是深远的。例如青藏铁路、南水北调、西气东输管道工程等项目均通过环评实现了项目方案的优化。

优化开发建设空间布局，维护区域生态安全

——优化空间布局，有效化解生态环境隐患

规划环评，特别是涉及产业发展、能源资源开发的规划环评，从污染类型、区域环境要素特征、周边环境敏感点分布等角度综合考虑，提出相应的产业布局和功能区设置优化建议，化解规划实施与人居环境、重要生态功能的矛盾，解决具体项目层面协调不了的区域性问题（专栏5-1）。例如，宁东能源化工基地规划环评提出制约宁东地区发展的核心是水资源、煤炭资源承载力不足，大气环境和固体废物承载力有限；新疆准东煤田大井矿区为避免煤炭开采可能产生的不利影响，将矿区内的卡拉麦里有蹄类野生动物自然保护区、奇台硅化木－恐龙国家地质

公园等环境敏感区划为禁采区，严格控制煤炭开采边界，有效避免了对其产生的影响。

项目环评，特别是公路、铁路等线性工程在项目建设与环境敏感区发生冲突时，环境影响评价按照"保护优先、避让为主"的原则，通过指导和督促铁路优化选址选线，采取避让措施，对确实无法避让、需穿越生态敏感区的，提出采取无害化穿（跨）越方式，以及项目施工期及运营期的生态保护、修复和补偿措施，在预防铁路建设可能产生的生态敏感区破坏、环境污染及人群健康危害方面发挥了不可替代的积极作用。例如，内蒙古鄂尔多斯市泊江海子井田部分区域位于国际重要湿地和国家级遗鸥自然保护区范围内，为保护遗鸥的栖息环境，环境影响技术评估要求调整井田开采边界，将开采区域调出自然保护区外，并将开采规模从 500 万 t/a 降为 300 万 t/a，有效地保护了国际重要湿地和国家级遗鸥自然保护区。

——强化环境风险防范，保障区域生态环境和人居安全

规划环评，尤其是涉危、涉化产业园区在生产活动中会涉及大量有毒有害、易燃易爆的原材料、中间产品及成品，存在发生火灾、爆炸、有毒有害物料泄漏等突发性风险事故的可能性，往往是区域内威胁环境安全、公众健康甚至社会稳定的隐患。规划环评及时介入，综合考虑区域面临的生态环境制约问题，识别出涉危、涉化园区企业污染类型以及与周边各类敏感区的矛盾冲突，关注与区域生态保护红线、环境质量

专栏 5-1　厦门 PX 事件

2007 年，厦门 PX 事件后开展的区域规划环评也是一个非常有代表性的案例。

　　台资企业腾龙芳烃（厦门）有限公司投资的 PX 项目于 2004 年获得国家发展改革委批准立项，选址位于厦门市海沧台商投资区，是当时厦门市重点项目，预计经济效益可观。2005 年，该项目环评通过国家环境保护总局审批，就项目本身而言是符合相关要求的。但从区域层面来看，项目所在的海沧半岛，其南部工业区主导产业在厦门市 "1995—2010 年" 以及 "2005—2020 年" 城市总体规划中，被明确为石化产业区，并逐步开始引进石化项目。但随着海沧半岛的开发，其东南部逐渐形成居民区，自 2005 年起，在靠近海湾的半岛北部，又开发建设大批居住楼盘，在同一区域同样的时间落地了石化和居住两类本该远离的项目，这就导致了 PX 项目动工后遭受了多方的质疑。2007 年 "两会" 期间，105 位人大代表联名反对 PX 项目；2007 年 6 月又发生了上万厦门市民参与的群体事件。在巨大的经济利益和强烈的民意面前，项目是去是留，需要有一个科学的评估。

　　在国家环境保护总局组织下，由厦门市政府委托中国环境科学研究院开展了 "厦门市城市总体规划环境影响评价" 工作，对《厦门市城市总体规划》中的重点区域和重点行业进行环境影响评价，从城市发展的定位、规模、空间布局等宏观决策内容分析城市总体规划方案可能受到的资源环境制约，可能导致的主要不良环境影响，研究提出相应的对策与建议，特别对厦门市重点区域（海沧南部地区）功能定位与空间布局开展专题环境影响评价。

　　通过研究规划环评得出结论：厦门市海沧南部空间狭小，区域空间布局存在冲突，厦门市在海沧南部的规划应该在 "石化工业区" 和 "城市次中心" 之间确定一个首要的发展方向。评价成果通过网络投票、市民代表座谈会等形式开展了广泛的公众参与，仍然是压倒性的反对意见。福建省政府最终作出决定迁建 PX 项目，该项目最终落户漳州漳浦的古雷港开发区。

底线、资源利用上线和生态环境准入清单要求的相符性，提出园区范围和产业布局调整、设置隔离带、居民区搬迁等优化调整建议，从源头上避免或减轻环境风险，保障区域生态环境和人居安全。

例如，宁波化工区规划环评与规划互动，落实规划环评意见，一方面规划编制及实施过程中采纳规划环评意见，将中心城区功能转移到镇海新城；另一方面规划执行以来新引进的投资项目均布局在海天二路以东，海天二路以西仅允许污染物排放不增的技改、产业升级项目，并对周边防护距离内的 7 个行政村实施搬迁措施，园区西侧外围形成海天防护林带，有效化解了可能的"邻避效应"风险。开展了区域环境风险评估工作，建立了完善的三级应急防范体系，园区内河设置闸口避免了内河之间、内河与近岸海域之间的进一步水环境污染风险。

项目环评，尤其是环境风险突出的石化行业，从环评管理到技术评估，重视环境风险的防控，把环境风险作为石化项目评估的重点内容和评估结论的主要依据之一。环评阶段，考虑全过程风险节点，从水、气、危险废物、环境安全防护等多途径预测环境风险事故影响范围，评估事故对人群健康及环境的影响和损害，提出切实可行的环境风险应急预案和事故防范、减缓措施，特别要针对特征污染物提出有效地防止二次污染的应急措施。

例如，重庆某化工项目紧邻三峡库区，环境十分敏感，环评技术评估认为该项目建设对三峡库区存在环境风险隐患，提出项目建设不具环境可行性的结论。中国石油四川 1 000 万 t/a 炼油项目所在区域地下水及水环境敏感，环境风险较大，技术评估要求采取最严格的环境风险防控体系，并首次采用分区防渗方案，增加投资近 7 亿元，成为石化项目地下水防渗方案的首个范例。

提升节能减排技术水平，促进行业科技进步

波特假说认为污染治理与经济发展不是简单对立的关系，适当的环境规制能够倒逼企业进行技术创新活动，而这些技术创新能够显著提高企业生产率，长期能够抵销由环境治理带来的生产成本，甚至提高企业利润。环评大力推行节能减排技术，努力控制资源能源消耗水平，降低了污染物排放水平，促进企业加大环保投资，污染治理新理念的推广，推动科技创新，带动了节能环保产业的发展。

"十五"期间，国家审批的建设项目环保投资较"九五"增加了0.4 个百分点，火电、石化化工、造纸、建材等重点行业环保投资均呈增长趋势（表5-4）。环保投资对经济增长有促进作用，环保投资与普通投资一样，具有乘数效应，对经济增长发挥着短期和长期的促进作用。环保投资既可以改善生态环境，又能拉动经济增长，一举两得。

规划环评，解决了单个项目符合环保要求但产业集群无序发展问题，强化废弃物集中治理和循环化利用，提升了资源环境绩效。近年来一大批重点区域、产业园区、重化工基地，以及"两高一资"重点行

表 5-4　国家审批建设项目环保投资占总投资比例（2001—2004 年）

单位：%

年份	环保投资	化工石化	火电	造纸	有色冶金	建材	机械电子	其他
2001	3.3	3.4	7.5	–	6.1	2.8	1.6	2.2
2002	3.8	4.5	12.8	7.7	8.5	6.4	1.3	2.5
2003	4.6	4.1	10.8	5.2	7.7	6.7	1.0	2.2
2004	4.9	4.9	11.8	5.9	5.5	8.7	1.6	1.4

业规划环评的大范围实施，有力推动了产业布局和经济结构日趋合理，集约化程度大幅提高，实现环境保护优化经济发展。园区污水集中处理、集中供热、固体废物集中处置等配套环保基础设施水平也有了大幅提升。如前文所述，通过水电规划环评的推动，生态流量下泄、鱼类栖息地保护、过鱼设施以及鱼类增殖放养等环保措施已经成为行业共识，并逐渐形成了行业设计技术规范体系。

项目环评，致力于提升工艺设备先进性和清洁生产水平，减少资源消耗量和污染物排放，落实循环经济理念，提高产品加工深度，延长产业链和资源使用年限。带动了我国节能环保产业的快速发展，为经济发展增添新动力。

"十五"末，钢铁行业技术评估中（《攀枝花钢铁（集团）公司冶炼系统大修及改造工程环境影响报告书》技术评估）第一次提出了对烧结机机头烟气进行脱硫的要求，拉开了我国钢铁行业烧结烟气脱硫工作的序幕。整个"十一五"期间的钢铁冶炼项目，均采用了如干熄焦、烧结环冷机余热回收、高炉富氧喷煤、TRT、高炉转炉煤气干式除尘、双预热加热炉等节能技术，在当时均属先进技术，提高了能源的一次使用效率和二次能源的回收利用率。2010年国家审批的钢铁项目，综合能耗平均为 606 kg 标煤左右，而同期全国行业平均水平为 619.43 kg 标煤。在全行业整体水耗均大幅下降的前提下，对新建项目的水耗控制更为严格，多数项目实现了间接冷却循环排污水的零排放。在污染防治方面，2010年审批项目吨产品 SO_2、烟粉尘排放量分别为 0.33 kg、0.17 kg，而同期的全国平均水平分别为 2.01 kg 和 0.27 kg。

"十一五"期间，炼油项目评估中，科学论证了硫黄回收装置规模的合理性和工艺选择的先进性，共增加硫黄回收能力 245 万 t/a，主要采用国际国内成熟的 Claus 硫黄回收工艺，除选用低硫原油的项目外，回收效率都在 99.8% 以上。

"十一五"期间，矿区项目环评中，评估项目矿井水总产生量 95.92 万 m^3/d，回用矿井水 75.73 万 m^3/d，矿井水综合利用率达到 78.95%，减少了地表水或地下水资源的取用量，同时也减少了矿井水的外排。将资源综合利用作为整个矿区开发的准入条件，使煤炭企业打破单一煤炭生产的狭隘基础行业模式，实现煤炭企业对煤系地层中各种共伴生资源（矿井水、煤、气、固体废物等）的全面开发和加工利用；完善矿井水综合利用途径，促进矿井水综合利用率不断提高，节约了地下水资源，更好地保护了矿区生态环境。

近年来，项目环评率先提出并大力强化挥发性有机物污染防治，泄漏检测与修复、蓄热式催化氧化等污染防治技术得到加快应用，化工石化、涂料油墨以及涉及喷涂的行业挥发性有机物和无组织污染物污染情况大幅改善，无异味花园式工厂大量涌现。

促进社会环境意识提升，保障公民环境权益

环境保护是公共事务中的重要组成部分，环评信息公开和公众参与作为保障人民群众环境保护权益的有力手段、构建共同参与的现代环境治理体系的有效途径，发挥了重要作用。

2005 年圆明园"防渗之争"，打响了我国公众参与环境事务的第一枪。国家环境保护总局叫停圆明园防渗工程，开展听证、环评、评审直至决策的全过程，国家环境保护总局依法向社会公开，推进了我国环境决策民主化的进程。2006 年《环境影响评价公众参与暂行办法》首次对环境影响评价公众参与进行了全面系统的规定，打通了公众环境保护诉求表达渠道，维护了公众环境权益。

在后续的环评实践中，不断探索合理有效的公众参与方式。例如，西气东输天然气管道工程环评中，环评单位不仅走访了政府职能管理部门和施工单位，还对项目区受影响人进行社会经济现状调查，发放"公众参与征询意见表"，咨询研究机构和非政府组织（NGO），通过公众

参与环评，促进了社区对项目的支持和认可，获取了项目区第一手资料；采纳公众意见和解决公众关注问题，减小了项目在生态环境方面可能产生的负面影响；吸取公众意见制定的"环境和社会管理方案"有效提高了施工管理水平。**京沈客运专线工程**通过多轮公众意见调查协商，优化了局部线路设计，强化了噪声和振动污染防治措施，带动了星火站周边区域的进一步合理化规划，满足了受影响居民的合理化诉求和权益。**中石油云南石化项目**建立了包含 NGO 组织在内的"云南石化绿色共建委员会"，构建"邻里和谐、绿色共建"长效机制，建设国内石化企业环境教育示范基地，企业做好环保自律并努力夯实安全环保基础、加大信息公开力度、主动沟通等手段化解矛盾，达成共识。

环评公众参与搭建了一个公开平台，使公众的各种意见、建议能得以广泛而深入地交流，使政府的执政行为能随时接受公众与舆论的监督，提高了科学决策、民主决策、依法决策的执政水平。可持续发展理念日益深入人心，对大幅提高全社会尊重自然规律的认识水平，促进人与自然的和谐，构建社会主义和谐社会具有重要的价值。虽然当前公众参与仍存在责任主体不清、范围定位不明、流于形式、弄虚作假、有效性受到质疑等问题。未来，通过不断优化公众参与，群众对环境保护的参与热情将不断高涨，对环境保护的参与领域将不断扩大。

区域战略环评创新

在现有的环评法律框架之外，国家环保部门也积极探索宏观层面环保参与宏观决策的路径，创新开展多轮大区域战略环评，站在国家的视角回答区域发展和保护的问题。重点解决大区域大尺度资源环境约束与生产力布局、城镇发展的矛盾，确保重大生产力布局、城镇发展与资源环境承载相适应，避免区域性累积性风险，整合各部门相关政策，打破部门界限与地区界限解决条块分割和部门分割，避免盲目建设和重复建设，在真正意义上对人类大规模开发活动进行预先评价，为领导决策提供更具前瞻性和科学性的依据。

大区域战略环评实践

国土是生态文明建设的空间载体，应按照人口资源环境相适应、经济社会生态效益相统一的原则，控制开发强度，调整空间结构，促进生产空间集约高效、生活空间宜居适度、生态空间山清水秀。我国幅员辽阔，但人多地少，耕地资源紧张，近1/3的国土属于难以开发利用、不适宜人类居住和生产的空间。从资源分布来看，经济社会发展所需的水土资源、能源资源和其他矿产资源在区域间的分布不均衡，导致我国国土空间开发格局具有区域性差异。实施区域协调发展战略是全面建成小康社会进而实现全体人民共同富裕的内在要求，我国逐步形成了深入推进西部大开发、全面振兴东北等老工业基地、大力促进中部地区崛起、积极支持东部地区率先发展的区域发展总体战略。区域战略环境评价则是根据区域资源环境现状和区域发展定位，设定环境保护目标作为区域发展的底线，将区域资源环境承载力作为约束条件，确定环境合理、生态适宜的产业规模和生产力布局。开展区域战略环境评价有利于构建生产空间集约高效、生活空间宜居适度的国土空间开发格局，对可持续环境管理具有重要意义。

基于此，自 2004 年起，振兴东北老工业基地战略，五大区域（环渤海沿海地区、海峡西岸经济区、北部湾经济区沿海、成渝经济区和黄河中上游能源化工区）重点产业发展战略，西部大开发重点区域和行业发展战略，中部地区发展战略，三大地区（京津冀、长三角、珠三角）发展战略，长江经济带发展战略等多轮大区域战略环境影响评价陆续开展。评价范围涉及 28 个省（自治区、直辖市），共计 699.17 万 km^2 国土面积，相当于掌握了全国 72% 的国土范围内资源环境与经济社会发展之间存在的矛盾，为区域社会经济与环境保护协调可持续发展提出了指导意见。

正如第二章介绍，2004 年，生态环境部环境工程评估中心牵头组织开展了我国首个大区域战略环评研究，即振兴东北老工业基地战略环评，探索战略环评技术方法，为东北老工业基地发展和保护提供决策参考。综合评价东三省经济、社会、资源与环境发展状况，分析振兴战略对东三省发展的影响，对东北地区的资源环境变化趋势起到预警作用；提出了产业结构及布局的调整和优化、资源型城市经济转型及环境保护和生态恢复等有关的建议措施，尽量减少振兴战略实施后带来的资源、环境问题，避免人为原因造成重大的环境问题，为国家制定东北地区的环境政策提供参考。

2009—2010 年，环境保护部组织开展了五大区域（环渤海沿海地区、海峡西岸经济区、北部湾经济区沿海、成渝经济区和黄河中上游能源化工区）重点产业发展战略环评（以下简称五大区域战略环评）工作。此轮战略环境评价对中国区域发展战略环境评价的研究有着深刻影响，五大区域战略环评涉及 15 个省（自治区、直辖市）涵盖 111 万 km^2 国土面积，覆盖石化、能源、冶金、装备制造等 10 多个行业，是中国首次官方组织的跨多个行政区、覆盖多个行业的，高层次、大尺度的区域战略环评。

2011—2013 年，环境保护部组织开展了西部大开发重点区域和行业发展战略环境评价工作。西部大开发战略环评围绕西部地区重点产业发展的规模、结构、布局这三大核心问题，系统模拟和评估了在未来经济社会发展压力下环境系统的变化与响应，研究了以生态环境安全为约束目标的产业系统结构调整和布局优化方案，提出了"努力建设生态文明示范区"的发展目标和"保生态、优布局，调结构、提效率、建机制"的总体思路。对大尺度区域战略环境评价进行了全面深化和拓展，在理论和技术方法研究上实现了重要突破和创新，为从源头上防范布局性环境风险构建了重要平台，探索了破解区域资源环境约束的有效途径。

2013—2014 年，环境保护部组织开展了中部地区发展战略环境评价工作。中部地区战略环评以转型升级中的城市群为重点评价对象，探索保障粮食生产安全、流域生态安全和人居环境安全的发展模式与对策。核心是探索不以牺牲农业和粮食、生态和环境为代价的新型城镇化、工业化和农业现代化协调发展的路子。处理好城市群发展规模与资源环境承载能力、重点区域流域开发与生态安全格局之间的矛盾，确保粮食生产安全、流域水安全和人居环境安全，对区域经济社会可持续发展和生态环境保护具有直接的指导性作用，是深入贯彻落实科学发展观、建设生态文明的重要举措，对促进中原城乡统筹发展、承接国内外产业转移、促进现代农业发展、优化生产力布局、转变发展方式、实现可持续发展具有重大的现实意义。

2015—2016 年，环境保护部启动了三大地区（京津冀、长三角和珠三角地区）战略环评。三大地区是我国开放程度最高、发展基础最好、综合实力最强和最具国际竞争力的地区，是我国重大发展战略的指向区和承载区，也是我国发展与保护矛盾最突出、生态环境短板制约最突出的地区。三大地区战略环境评价紧密结合区域经济社会发展需求，围绕环境质量改善、生态安全水平提升两大核心任务，研究提出区域经济绿色转型、空间开发优化与资源环境协调发展的调控对策，推进经济发展转型、促进产业发展与资源环境承载力协调发展；探索产业转型升级和城市群发展方向，统筹区域发展与生态环境保护的模式与对策，对健全国土空间开发、资源节约利用、生态环境保护的体制机制，推动形成人与自然和谐发展现代化建设新格局具有重大意义。紧密结合环评改革，基于空间单元的环境管控思想开始萌芽，并在工作中作出尝试，为区域发展战略规划环境评价落地做出了积极的探索，也进一步推进大区域战略环境评价创新。

2017年9月，为进一步实践和拓展空间管控思路，环境保护部启动了长江经济带战略环境评价。强调要以改善区域环境质量、提升流域生态功能为目标，提出长江经济带"共抓大保护，不搞大开发"的新生态安全框架，按照"守底线、拓空间、优格局、提质量、保功能"的总体思路，基于制定"三线一单"，提出"共抓大保护"的生态环境战略性保护总体方案，为推动形成绿色发展带、人居环境安全带和生态保障带的战略格局提供决策支持。在长江经济带战略环评工作过程中，各省（市）同步开展了"三线一单"编制工作。

综上所述，大区域战略环评从国家发展和保护总体格局出发，基于区域资源环境现状和区域发展定位，设定环境保护目标作为区域发展的底线，将区域资源环境承载力作为约束条件，立足于建立自然生态系统与社会生态系统的协调发展机制，确定环境合理、生态适宜的产业规模和生产力布局，促进经济发展转型，构建以资源环境承载力为基础的经济社会发展模式（表5-5）。大区域战略环评参与生态环境管理的方式

表 5-5　我国大区域战略环评开展总体一览表

序号	年份	名称	涉及区域	评价范围	面积/万 km²	成果应用
1	2004	振兴东北老工业基地战略环境评价	辽宁、吉林和黑龙江	3 省全域	79.05	探索技术方法，指导东三省资源开发与环境保护
2	2008	五大区域重点产业发展战略环评	环渤海沿海地区、海峡西岸经济区、北部湾经济区沿海、成渝经济区和黄河中上游能源化工区	15 个省（区、市）的 67 个地级市和 37 个县（区）	109.8	发布 5 个区域重点产业与资源环境协调发展的指导意见
3	2011	西部大开发重点区域和行业发展战略环境评价	甘青新地区、云贵地区	5 个省（自治区）和兵团	341	发布 2 个重点区域和产业与环境保护协调发展的指导意见
4	2013	中部地区发展战略环境评价	中原经济区、长江中下游城市群	8 个省的 60 个地市	55.25	发布中原经济区产业与环境保护协调发展的指导意见、长江中下游城市群与环境保护协调发展的指导意见
5	2015	三大地区战略环境评价	京津冀、长三角、珠三角	7 个省（市）全域	61.1	发布 3 个地区经济社会发展与生态环境保护协调发展的指导意见
6	2017	长江经济带战略环境评价	长江经济带 11 个省（市）和青海省	12 个省（市）全域	277	指导沿江省市编制发布和实施生态环境分区管控

主要包括：① 形成政府咨询报告，部分对策建议以部门规章形式纳入管理体系；② 国家环保部门联合地方印发区域发展和保护的指导意见，五大区、西部大开发、中部崛起、三大地区等战略环评成果均转化为相

应的指导意见发布（专栏5-2）。

专栏5-2　五大区重点产业发展战略环评

背景与目的

　　环渤海沿海地区、海峡西岸经济区、北部湾经济区沿海、成渝经济区和黄河中上游能源化工区五大区域，是未来国家产业布局和经济发展的重点支撑区域和构建我国主体功能区战略布局的重要支点。同时，这些区域涉及长江、黄河等重要流域和渤海、北部湾、台湾海峡等重要海域，生物多样性丰富，生态地位举足轻重，生态环境质量的好坏直接影响我国未来中长期生态安全和环境质量的演变趋势。随着五大区域产业不断发展和大型重化工企业不断引进，很多地区的生态环境变得极为脆弱，经济发展与资源环境之间的矛盾不断凸显，已严重影响区域生态功能和环境质量。如果一味注重经济发展而忽略生态环境影响，五大区域将会面临更加严峻的生态环境问题，生态风险加剧，威胁区域可持续发展。因此，处理好五大区域产业发展与生态环境保护的关系，是我国中长期经济社会可持续发展的战略性问题。虽然大区域战略环评未能纳入我国环评制度体系，但为深入落实科学发展观，探索中国环保新道路，加快推进经济发展方式转变，从战略层面促进国土空间开发与环境保护相协调，环境保护部于2009年年初组织开展了五大区域战略环评。

区域概况及评价思路

　　五大区域重点产业发展战略环评（以下简称五大区战略环评）涉及我国东、中、西部15个省（区、市）的67个地市及相关海域的多项重点产业，37个县（区），国土面积111万km²，以11.6%的国土面积承载20.7%的人口，贡献22.6%的经济总量。涉及石化、能源、冶金、装备制造等10多个重点行业，开展地域范围如此之大、行业覆盖如此之广的区域性战略环评在我国还是第一次。该战略环评针对五大区域的发展目标和定位，围绕产业发展的布局、结构、规模三大核心问题，系统分析五大区域产业发展特征及其关键性的环境资源制约因素，深入研究可能导致的环境影响和潜在的环境风险，以资源环境承载力为依据，从环境保护角度提出协调五大区域产业发展与环境保护的总体目标和定位，确定环境合理、生态适宜的产业规模和生产力布局，提出重大产业布局和建设的环境准入政策和条件，建立五大区域产业规模控制、产业结构调整、产业布局优化、资源合理配置、环境污染预防的一体化对策和方案，从而促进以环境优化经济发展，推进区域可持续发展。

主要成效

五大区域战略环评围绕把五大区域建设成为环境保护优化经济发展示范区的总目标，通过全面分析区域产业发展与生态安全的矛盾和潜在风险，努力破解产业发展的空间布局与生态安全格局、结构规模与资源环境承载能力之间的两大矛盾，优先落实产业升级政策、优先保证环保投入、优先加强环境管理能力建设，确保生态功能不退化、资源环境不超载、排放总量不突破和环境准入不降低，提出了区域重点产业发展的定位目标以及产业布局优化、结构调整、规模控制的优化调控方案，明确了区域生态环境战略性保护的环保目标、生态底线和准入标准，规划了重大生态环境保护工程，为进一步优化国土开发空间格局，合理利用土地、岸线和水资源，逐步扭转粗放的发展模式，实现区域经济、社会和环境协调发展探索了有效途径。在项目开展过程中，各省、市领导重视及规划决策等部门积极参与，部门界限、行政区界限及区域界限都在此次环评中被一举打破。五大区域战略环评的成功经验，拓展了环境保护参与发展综合决策的深度和广度，有力地推动了环境保护由事后治理向源头预防、由要素治理向系统管理、由按行政区管控向区域统筹整治的系统转变，被时任环境保护部副部长吴晓青誉为"探索中国环保新道路的成功实践"。主要创新包括：

（1）拓展了战略环评理论与技术方法。五大区域战略环境评价围绕跨区域、累积性环境问题，进行了深入研究，建立了以区域产业发展与资源环境承载力动态响应关系识别、分析和评价为核心的大区域战略环评理论模型和技术方法体系。通过集成环境系统分析方法、生态风险评估技术、区域环境质量时空模拟模型，构建了大尺度区域生态环境演变趋势模拟、环境影响情景预测以及多因子生态风险综合评估方法，较好地解决了区域性、累积性环境影响和生态风险定量化预测与评价的技术难点，拓展了战略环评理论与技术方法。

（2）拓展了环境保护参与综合决策的广度和深度。五大区域战略环评成果纳入国家和地方的战略性综合决策，成为国家和地方"十二五"规划编制和经济社会宏观决策制定的重要依据，成为推动环境保护参与综合决策的重要手段。根据调研，五大区域战略环评成果已应用于国家发展改革委、国土资源部、交通运输部、国务院发展研究中心、国家海洋局等部门的规划编制和政策设计，以及天津、辽宁、山东、浙江、广东、广西、四川、重庆、内蒙古、宁夏等省（区、市）"十二五"相关规划编制和环境保护管理实践中，为国家和地方宏观决策提供科学支撑。如福建省在制定国民经济和社会发展"十二五"规划、"十二五"环境保护与生态建设专项规划、生态省建设"十二五"规划、重点产业生产力布局指导意见和政策制定中充分应用了海峡西岸经济区战略环评的成果，明确和细化了重点产业发展方向、空间布局以及环境保护目标。内蒙古自治区在国民经济和社会发展"十二五"规划编制过程中，严格遵循"以水定产、技术升级、优化布局、多元化发展"的思路。北部湾经济区沿海重点产业发展战略环评中，对区域重点产业集聚区开展了综合承载力评价和风险评估，并据此提出了重点产业布局的适宜性。广西壮族自治区在《广西壮族自治区工业和信息化发展"十二五"规划》制定过程中，充分结合战略环评成果，加大产业结构调整力度，从计划的4 000多个项目中筛选出1 500多个项目，重点支持 12 个重点产业园区建设，并对重点产业园区产业进行错位发展。

（3）有力地推动构建区域生态安全格局。五大区域战略环评综合考虑污染物对大江大河、饮用水水源地、居民集中区、自然保护区等环境敏感目标的影响，划定生态红线区，并提出"生态功能不退化、水土资源不超载、污染物排放总量不突破、环境准入标准不降低"的战略环境保护目标，成为地方制定环保政策的重要指南，促使地方提高了环境保护工作的要求，有利于推动构建区域生态安全格局。例如，环渤海沿海地区重点产业发展战略环境评价研究中明确了环渤海沿海地区的生态红线控制区，将各类法定海陆自然保护区、生态敏感性极高的区域以及生态高风险区作为环渤海沿海发展不可逾越的空间约束。大连市在制定大连市环境保护总体规划中细化了 33 项环境保护指标；河北省在《近岸海域污染防治"十二五"规划（征求意见稿）》中提出了加强沿海地区污染源治理，减少污染物排放总量；加强近岸海域生态保护，维护生态系统健康等相关任务；河北省围绕坚守生态红线的要求，在沿海三市建立了 9 处自然保护区，明确要求禁止在生态红线区进行破坏生态环境的开发建设活动，"十二五"期间要逐步退出生态红线区的已有开发利用项目，特别是高污染高能耗的重点行业开发项目。对沿海滩涂、水域、沼泽、苇地等生态敏感性高的未利用地，原则上不予改变土地利用类型。

（4）推动国土空间开发精细化管理。五大区域战略环评在产业发展和布局上充分考虑区域资源环境禀赋条件，统筹协调生产空间、生活空间和生态空间，制定区域化的产业发展和环境保护政策，形成合理的产业地域分工，成为指导重点区域、重点行业生产力布局的重要依据，为国土资源精细开发、关键区域精细化管理提供了支撑。根据海峡西岸经济区发展战略环境评价成果及《指导意见》对石油化工布局的要求，福建省在《福建省重点产业空间布局规划研究》中明确提出"大型炼化一体化项目原则上应布局在湄州湾南岸、漳州古雷半岛两大石化基地，其他沿海和内地区域不再布局"。

并根据以上要求，将拟在罗源湾建设的中石油百万吨级乙烯项目调整至古雷石化基地。成渝经济区重点产业发展战略环境评价研究中，从规避环境风险、水环境安全优先出发，提出了优化化工等产业布局的建议。针对优化重点产业布局的要求，《四川省石化产业及下游发展规划（2011—2020年）》对全省的石化项目布局进行了优化调整，明确建设彭州、彭山、南充三个石化基地，布局承接石化下游相关产业。为落实响应《指导意见》"科学规划、有序开发水电"的要求，四川省将岷江下游航电梯级开发由六级调整为四级，取消了古柏和喜捷场航电，有利于长江上游珍稀特有鱼类生境的保护。

大区域战略环评成效

提出差别化的环境保护目标和发展路径

大区域战略环评工作紧扣国家主体功能区战略需求，是我国资源与环境约束日益趋紧的大背景下的环境决策工具选择。对处在完全不同发展阶段与特点的区域面临的不同生态环境制约，结合区域发展阶段与需求，生态保护格局与要求，抓住区域发展与保护的主要矛盾，因地制宜地提出了实现发展目标与保护目标的协调方式和实现路径。五大区域作为"十一五""十二五"规划承启之时我国宏观经济战略重要指向区域，其战略环评侧重探索重大生产力布局与生态安全格局及战略性资源的分布相协调的科学发展途径与机制；西部大开发战略环评侧重在水资源缺乏、生态脆弱地区，探索不以牺牲生态和人群健康为代价的维护水安全、人群健康、生态安全的新型农业化、城镇化和农牧业发展途径；中部地区战略环评探索了确保粮食生产安全、流域生态安全和人居环境安全的发展模式与对策，从而推进以人为核心的城镇化、新型工业化和农业现代化；三大地区（京津冀、长三角和珠三角）作为我国绿色发展引领区，战略环评则侧重探索了率先完成绿色发展转型，率先实现生态环境质量根本好转，率先建成约束和激励并举的生态文明制度体系，率先推动形成人与自然和谐发展的现代化建设新格局的发展路径。

预警区域关键发展制约与生态环境问题

大区域战略环评实践中，基于全球视野、国家生态安全考量，对区域发展引发的中长期累积环境影响和风险进行预警并提出了超前环境管控策略。2005 年，基于对东三省重要产粮区保障，提出"不得占用任何黑土地作为项目建设用地"；2009 年，基于全国战略性淡水资源库三峡库区的保护，提出"严格限制在三峡库区、沱江上游、岷江上游及中游的成都段布局石化等高风险、高污染产业"，强调了赤水河保护的重要意义，"赤水河是长江少有的保持着自然河流系统特征并与长江干流保持着天然的水力连通状态的河流，可能成为长江上游珍稀特有鱼类等重要生物完成其生活史的仅存的自然生境"；2012 年，基于祁连山重要水源涵养区及冻土区的保护，提出"严格限制天山山地和祁连山水源涵养保护区及地下水源功能区的煤炭资源开发"，考虑西北地区生态环境脆弱与水资源匮乏，提出"西北地区需实施以水资源、环境承载力定煤炭转化规模，以煤炭转化规模、生态恢复与保护能力定煤炭生产能力"；2014年，针对中部地区大气污染复合化问题，提出"要实施与京津冀地区大气污染防控协同的策略，中原经济区大气污染治理力度与京津冀地区相当"的协同管控建议；2017年，为促进长三角地区率先促进绿色转型升级，提出"2035年前，高污染的铜锌冶炼全行业退出长三角城市群"。

为国家重大区域发展战略建言献策

大区域战略环评是协调区域或跨区域发展环境问题的重要决策工具，从国家层面思考问题，跳出地方发展惯性，打破部门及行政界限，围绕区域开发布局与生态安全格局、产业结构规模与资源环境承载两大矛盾，提出在发展中解决环境问题的对策措施，避免在对环境问题认识不足的情况下盲目发展导致历史问题重现或生态环境恶化，从而跳出"防不胜防，治不胜治"的恶性循环。战略环评是构建跨流域、跨行政单元、前瞻性的环境综合管理模式的有益尝试，拓展了环境保护参与发展综合决策的深度和广度。依据战略环评实践成果形成的20余份政策建议和12份指导意见上报或下发，为西部大开发、中部崛起、东北振兴等地区协调发展战略，以及京津冀协同发展、长江经济带、长三角一体化等国家重大区域发展战略的深入实施提供科学参考和决策依据，为地方五年发展规划实施、行业发展策略和区域生态环境管理提供了有

力支撑。 例如，2018 年 5 月基于长三角地区战略环评成果的《关于促
进长三角地区经济社会与生态环境保护协调发展的指导意见》中，提
出 "有序推进沿江城市传统产业优化布局和转型发展，率先实现区域中
心城市建成区和沿江两岸钢铁、石化、化工企业向有环境容量的沿海地
区转移"，在 2018 年 8 月江苏省委办公厅、省政府办公厅印发的《关
于加快全省化工钢铁煤电行业转型升级高质量发展的实施意见》得到了
充分落实。 中原经济区战略环评成果也受到了地方政府部门的关注和
高度重视。 中原经济区战略环评从资源环境绩效角度将城市分为四类：
"双高" 超载型、农业型，"双低" 超载型、资源型。 郑州、许昌、漯
河、洛阳 4 个城市为 "双高" 超载型城市。 相关成果结论被河南省政
务信息刊发，要求地市参照论证结果、结合城市实际，拿出本市可持续
发展的研究成果。

为环境保护管理工作提供重要依据

大区域战略环评统筹环境保护和经济社会发展，兼顾各地区和各行
业发展的协调性、公平性和均衡性，充分考虑评价区域内的环境影响的
累积效应，对资源总量与环境容量进行了优化配置。 大区域战略环评
突破行业垄断和行政区划限制，减少了不同行业和地区间在资源环境方
面的矛盾和冲突，为规划环评和项目环评提供了重要参考，也为开展环
境保护管理工作提供了重要依据。 涉及五大区域、西部大开发、中部
地区、三大地区的重大建设项目，国家环保部门要求与发布的指导意

见和大区战略环评提出的布局及环保准入要求进行符合性分析，地方环保部门审查规划环评项目时，也要求充分考虑大区域战略环评的要求，如河北省在审查《黄骅港总体规划环境影响报告书》中，与会专家要求全面落实环渤海战略环评"严控自然岸线开发的规定和生态红线制度"，港口规划中要缩减预留岸线长度，优先退让南北两端靠近河口的岸段，预留发展区的空间范围与海洋功能区划、近岸海域环境功能区划协调前，不得开发利用。同时，也成为地方制定环保政策的重要指南。如大连市在制定大连市环境保护总体规划中参考环渤海地区重点产业发展战略环评成果，细化了33项环境保护指标。河北省在《近岸海域污染防治"十二五"规划》中提出了加强沿海地区污染源治理，减少污染物排放总量；加强近岸海域生态保护，维护生态系统健康等相关任务。广西壮族自治区基于《指导意见》的思想，编制了广西区海洋生态保护规划、生态项目建设规划，目前正在启动海岸带生态红线划定试点工作。

环评的困境与挑战

任何一项制度都不可能是完美无缺的，都不可避免地具有局限性。环评制度运行至今也积攒了诸多问题，近年来也一直在改革。改革的意愿是好的，但"头痛医头、脚痛医脚"地修修补补，虽能解决部分问题，却未能从根本上改变环评面临的窘境。过去的老问题没有彻底解决，新形势下又面临新的需求和新的挑战。

争议、不满与尴尬

我国环评制度从建立之初就处在"风口浪尖"，一部分人对其寄予厚望，认为通过源头预防能够从根本上避免和解决经济社会发展带来的环境问题，也有很多人持反对态度，认为其超前于发展阶段，阻碍经济发展速度。直到现在，社会上这样的争论也未停止过。这种争论的背后实际上代表着不同利益主体在社会经济发展浪潮中的不同诉求。

比如环评审批否决权，环保人士认为"一票否决"能够保障环评"融入"项目许可决策，是最能体现预防原则的环保利器；而面对发展需求，环评审批成了制约项目落地和经济发展的负累；在部分公众眼里，环评审批给了权力寻租的空间，继而引发腐败问题；在部分学者眼中，认为任何开发活动都不可能只涉及环境因素，应该是多元目标和价值平衡后的综合决策。环评"一票否决"加深了环境因素与非环境因素的冲突与对抗，割裂了环保与其他值得考虑的因素，不利于政府在多元目标和价值之间保持平衡。

从环评自身来看，在制度实施中仍然存在诸多不足。比如环评内容冗杂。为了提高其指导作用，技术导则会将遇到的各种可能情况都给出技术方法，但并不代表每一个项目都会遇到这些问题。在评价中如果完全按照导则要求，忽略了对建设项目环境影响识别和辨识这个重要环节，面面俱到的环境影响评价使报告书越来越厚，失去了"灵魂"，背离了技术导则制定的初衷；建设单位以取得审批为目的，不重视环评要求的落实，项目审批走过场，加上事中、事后监管机制不够完善，地方环保部门"批而不管""不是自己批的不管"，项目环评、"三同时"监督与后续验收、执法监督管理等衔接不畅，监管职责尚未完全理顺，容易出现重复监管或"监管真空"；规划环评介入过晚、规划采纳情况缺乏反馈机制，导致规划环评综合决策支撑不足。规划环评提出的优化调整建议和环境影响减缓措施需要多部门配合共同推进，但目前主体责任不明，资金不落实，监管不到位，制约了规划环评要求的落地，影响了规划环评的有效性。

从外部环境上看，自《环评法》实施以来，环评在全国高调实施，再加上环评前置审批的地位，使社会各界对环评这个政策工具熟悉，一定程度上将它作为环保工作的象征，对环评效果寄予很高的期望，同样，当出现环保问题或者其他社会问题时，也有习惯于指责环评的这种倾向。当一家企业发生污染事故或者遭到环保投诉，媒体、公众首先想到的就是去看看环评有没有问题？是不是造假了？环评公众参与为公众提供了反映问题的渠道，环评也一度成为社会公众对环境保护担忧和对开发建设不满的发泄对象，2012 年先后发生的什邡市反对钼铜项目事件、启东市反对王子造纸厂排海工程事件和宁波市反对 PX 项目事件，媒体和公众批评的矛头直指环评，也反映了公众对环境问题的关切。

从改革方向上看，近年来在优化营商环境、"放管服"改革的大背景下，经历了多轮环评审批权限下放。自 2013 年起，国家层面审批的项目大幅减少，工业污染类项目中仅炼化项目仍由生态环境部审批，其余项目均下放到省里，再由各省制定自己的分级审批的具体办法，一时间出现"层层下放"的局面，市级甚至是县级基层环保部门成为项目环评审批的主体。根据环评四级联网统计数据，2021 年，全国 99% 以上的建设项目由市县级环保部门审批。

一些地方对项目环评的认识出现偏差，以优化营商环境、审批改革试点的名义，一味地下放审批权限、压缩审批程序，"放而不服"，造成一些地方对上级下放的环评审批事项存在接不住、管不好的问题，这些问题的存在影响了环评的公信力，在一定程度上导致环境污染和生态破坏事前预防关口的失效，对环评源头预防的效能形成冲击。

前瞻技术储备不足

环评理论研究长期缺位

我国环评总体上是基于经验和实践发展的，研究多围绕技术化、制度化延伸开展，相关理论基础不足。环评兼具自然科学与社会科学双重属性，长期以来对环评价值判断的科学界定，对生态学、管理学、经济学等理论交叉融合的环境影响评价系统理论研究存在不足。基础理论的不足，导致我国环评制度改革意愿虽好，但措施松散，旧问题没解决，新问题又来了。只有夯实理论基础，形成以理论指导实践、实践反哺理论良性循环，才能从根本上拓宽环境影响评价的广度与深度，延伸环评制度生命力。

技术方法提升相对滞后

环境问题复杂，科学预测本就有难度，持续深入的基础研究和科技创新是提高环评科学性和有效性的重要保障。随着"红顶中介"退出环评市场，大量研究人员不再开展项目环评的实践工作，我国环评相关技术探索研究也有所停滞，环评关键技术体系长期未有提升和突破。环评中"对人群健康长远影响进行分析、预测和评估"多数只关注突发性环境事故，尚未建立常规污染物以及特征污染长期累积排放的健康风险评价的科学方法；生物多样性保护、气候变化等全球热点领域尚未形成成熟的评价技术体系；局限于单个环境要素的评价，区域性、宏观性、复杂性环境问题评价方法难以提出具有说服力的、可以被决策者充分信任的、科学的评价结论；环境要素领域前沿的方法、技术手段也未有充分的衔接；大数据、云计算、自然语义识别、人工智能等现代信息技术手段在环评领域的应用也不广泛。

差异化解决方案待突破

我国环评自上而下推动，由国家环保部门制定发布统一的技术导则体系，指导全国各地环评工作。规范性走到极端就是"一刀切"。我国幅员辽阔，不同区域不同流域地形地貌、自然禀赋、资源特征、环境本底均有较大差异，经济发展水平、管理水平乃至风土人情也不尽相同。比如，东部沿海地区已进入高质量发展阶段、西部部分地区仍处于工业化进程；黄河流域用水矛盾突出、长江流域饮水安全保护极为重要。在不同地区环评面临的问题多种多样，以一套技术体系去解决，难免不适应或者效果不佳。不同区域、不同流域应采取不同的环评策略，建立差异化的评价指标体系，服务差异化的发展和保护需求。

管理体系亟待整合

环评体系建设亟待进一步优化

从环评体系内部来看，"十三五"期间，国家大力推行生态环境分区管控体系建设，目的是将生态环境源头预防的关口进一步前移。 这是环评体系下新增的管理工具，在生态环境分区管控基础上，规划环评、项目环评又该如何定位、如何取舍？生态环境分区管控体系统筹生态保护红线、环境质量底线、资源利用上线管控要求，衔接各项管理制度，形成空间布局、污染物排放、环境风险、资源利用多维度的生态环境结构化准入清单。 过去在规划环评、项目环评阶段的部分工作通过生态环境分区管控已经完成，未来规划环评和项目环评朝着进一步聚焦和简化的方向发展毋庸置疑。 加上正在试点推进中的政策环评，已经有丰富实践经验的大区域战略环评，如何捋顺几者之间的功能定位和衔接关系，构建一个新的协同、高效的环评制度框架，这些都是当前环评制度亟待解决的难题。

加强环评与其他治理工具协同

从现代环境治理体系的视角来看，环评在治理体系中的位置，以及与其他治理工具如何协同形成合力需要进一步明确和加强。 项目环评和排污许可制度都是以企业为核心，以改善生态环境、控制污染物排放为目的，走可持续发展与绿色经济发展的道路的环境管理制度。 建设项目环评在项目实施前，从源头上采取措施来减少对环境的影响，排污许可制度在项目实施后，对项目运营过程的排污与风险管控实施监管。 环评制度是建设项目的准入门槛，是申请排污许可证的前提和重要依据；排污许可制度是企业运营期排污的法律依据，是确保环评提出的污染防治设施和措施落实的重要保障。地方上探索了"两证合一"环评和许可同时审批，总体上仍然遵循各自的管理和技术要求。对于如何将两项制度高效顺畅地嵌合到一起，仍有待理顺关系，形成有效工作机制。

生态环境保护需要在环境治理体系的引导下多系统共同发力，环评是其中的重要组成和支撑，但也不是所有问题都能管、都要管，所有责任都要扛。在现代环境治理体系建设中，面向新时期新需求，需重新审视环评制度与总量控制、环境执法、环保督察、环境标准等其他环境管理制度的联动关系，以及这些制度之间的对接、相互支撑关系。

战略政策

政策建议

理论探索
实践先河

理论方法
技术体系

环境影响评价

项目审批

项目

第六章

蓝图 打造新时代环评 3.0

当前人类文明演替到了一个新的转折点，人类发展的最优行为需要一个新的坐标系，这个坐标系不再拘泥于"人与商品"的狭隘视野，转向"人与自然"的宏大视野，需要全面顶层设计，整体推进。如果以《环评法》为重要分隔时间节点，立法前为环评的 1.0 时代（以建设项目环评为主的建章立制探索阶段），立法后为环评 2.0 时代（以深入建设项目环评和推动规划环评为主的制度完善阶段），那么进入新发展阶段，以人与自然和谐共生为核心的环境影响评价，可称为环评 3.0 时代。

环评 3.0 时代：决策各方责任主体，主动履行责任和法律法规要求，从"要我环评"向"我要环评"转变，将环评打造成为政策规划编制过程环保要求的嵌入工具，成为维护和保证公众环境权益的重要制度保障，打造理论基础更加扎实、技术方法更加先进、制度体系更加完善、参与治理更加积极、决策支撑更加有力的新一代环境影响评价 3.0 版。

立足变局，开创新局

勇担新使命

——与经济建设活动决策需求相适应，协同推进高质量发展和高水平保护的需要，赋予环境影响评价新使命和新要求。

发展是解决我国所有问题的关键。当前，我国由高速发展迈向高质量发展的新阶段，以全面实现小康社会为新起点，满足人民群众不断增长的"美好生活"需要为核心，开启建设"人与自然和谐共生"现代化的新征程。高质量发展就是要解决好工业文明带来的矛盾，把人类活动限制在生态环境能够承受的限度内，由过去单纯追求经济增长的单目标，向降碳、减污、扩绿、增长等更加广泛的多目标综合效益最大化转变。高质量发展就是要深化经济转型、能源革命，把发展质量问题摆在更为突出的位置，着力提升发展质量和效益，加快推动绿色低碳发展。

当前我国是 14 亿多人口的发展中国家，几十年来经济快速发展，资源消耗环境污染大，资源环境成为支撑经济社会可持续发展的关键制约，是决定未来发展高度、速度、广度和深度的"木桶"中"最短的一块板"。我国生态文明建设仍处于压力叠加、负重前行的关键期，在实现生态文明建设的道路上还面临诸多矛盾和挑战。中西部大部分地区还处于加快工业化的进程中，历史经验表明，在快速工业化过程，各类环境污染、生态破坏将持续加剧，需要协调好发展与保护的关系；产业结构、能源结构调整是长期艰巨的任务，传统产业绿色发展需要持续把好前端的准入关口；一些部门和地方领导，在认识上还没有实现根本转变，片面追求经济发展的问题依然会长期存在，需要用制度保障决策的科学性。

《环评法》第一条开宗明义地指出，环境影响评价是为了预防因规划和建设项目实施后对环境造成不良影响，促进经济、社会和环境的协调发展。新时期，需要环评在协同推进高质量发展和高水平保护持续发挥制度优势。随着生态环境保护在国家重大战略部署中的地位日益提升，参与宏观经济决策话语权越来越大，环评制度也迫切需要更广泛、更深入、更主动地融入经济社会各领域，发挥其引导和约束经济社会活动的保障作用；处理好经济社会发展、能源需求增长和减污降碳协同关系，真正支撑服务全局性、深远性宏观决策；深度参与京津冀协同发展、长江经济带发展、黄河流域生态保护和高质量发展等国家重大战略，更好地发挥环评在"优布局、调结构、控规模、保红线、防风险"上的作用；优化自然、生产、生活"三类空间"，推进产业、能源、交通、用地"四大结构"调整的作用。协同推动经济高质量发展和生态环境高水平保护，强化保护自然资源的有序开发和循环再生，保障生态系统结构和功能长期稳定，实现人与自然和谐共生。

在"五位一体"总体布局下，政府部门、有关职能部门、企业和社会公众各利益相关方对于生态环境保护、环境影响评价的认知和需求都发生了变化。需要站在宏观的社会经济的角度和转变发展战略的制高点上，将社会—经济—资源—环境的统筹协调理念融入宏观决策程序，走多元协同共治的治理路径。国家治理环境变迁、治理理念发展、治理模式转型呼唤治理工具的创新。环境影响评价为多元主体共治提供理想的互动协作平台。将包括政府、企业和公众等在内的多元利益相关方，以制度主体的身份参与到公共权力运作中，通过互动表达各自的利益诉求，最大限度地缩小分歧，实现协同合作与利益平衡，促进对环境有影响的行为（包括政策、规划、项目等）的决策过程主动考虑环境影响，使解决环境问题成为各个部门、各个地方的共同责任，寻求可能的替代方案和不利影响减缓措施，推动形成环境影响评价深度嵌入决策的创新模式，从经济社会发展、资源结构配置的源头控制环境问题的产生建立经济与环境协同决策程序，并建立与其相适应的机制与体制。

紧随新指引

——与国家生态环保发展阶段相适应，服务发展新要求，生态文明思想与生态文明建设给予环境影响评价新启示和新指引。

生态文明建设是关系中华民族永续发展的根本大计，是关系党的使命宗旨的重大政治问题，也是关系民生的重大社会问题。党的十八大以来，以习近平同志为核心的党中央把生态文明建设摆在全局工作的突出位置，全面加强生态文明建设，一体治理山水林田湖草沙，开展了一系列根本性、开创性、长远性工作，生态文明建设从认识到实践都发生了历史性、转折性、全局性的变化。习近平总书记对加强生态文明建设，提出了"十个坚持"，即坚持党对生态文明建设的全面领导，坚持生态兴则文明兴，坚持人与自然和谐共生，坚持"绿水青山就是金山银山"，坚持良好生态环境是最普惠的民生福祉，坚持绿色发展是发展观的深刻革命，坚持统筹山水林田湖草沙系统治理，坚持用最严格制度、最严密法治保护生态环境，坚持把建设美丽中国转化为全体人民自觉行动，坚持共谋全球生态文明建设之路。理论基础决定了环境影响评价的性质以及运行和发展的方向，明确了环境影响评价工作的目标、意义和必要性。生态文明建设指引为推进环评理论与制度的完善和发展提供了根本遵循。

"绿水青山就是金山银山"理念从根本上转变了经济发展与环境保护的对立关系。习近平总书记多次强调，要正确处理好经济发展同生态环境保护的关系，牢固树立保护生态环境就是保护生产力、改善生态环境就是发展生产力的理念。经济发展不应是对资源和生态环境的竭泽而渔，生态环境保护也不应是舍弃经济发展的缘木求鱼，而是要坚持在发展中保护、在保护中发展，实现经济社会发展与人口、资源、环境相协调。

在这一思想指引下，发展观改变后，环境保护与经济发展协同并进、实现共赢。价值观改变下，生态优先深入人心，生态环境价值有形，在发展决策源头就被纳入考虑。在新的形势下，要以习近平生态文明思想和生态文明建设为理论基础和方向指引，系统总结过去40余年环评实践经验，以更加积极、主动的姿态融入生态文明建设过程中，明确方向、强化基础，实现理论水平提升与制度框架完善。要以"人与自然和谐发展"为最终目标，以尊重自然客观规律为基本前提，以资源环境承载力为基础，把握经济社会快速高质量发展与维持自然生态良好的平衡，对照人民群众日益增长的美好生活需要，强化环评制度执行，让制度成为刚性的约束和不可触碰的"高压线"，这样才能在改善生态环境质量和促进经济社会高质量发展中发挥更好、更大的作用。

"人民性"则强调了"一切以人民为中心"的价值取向。"背负青天朝下看，都是人间城郭。"人民群众过去求温饱，现在盼环保。问题是时代的声音，人心是最大的政治。"以人民为中心"就是将"以人为本"置于价值体系的顶层，实现人的自由和全面发展，发展成果为全体人民所分享。随着社会发展和人民生活水平不断提高，人民群众对干净的水、清新的空气、安全的食品等要求越来越高，安全、优质的生态产品在群众生活中的地位不断凸显，已经成为新时代人民生活品质改善和提升的重要内容。

然而，当前我国生态环境稳中向好的基础还不稳固，与美丽中国建设目标要求和人民群众对优美生态环境的需要相比还有一定差距，环境质量从量变到质变的拐点还没有到来，生态环境保护工作依然任重而道远。当前环境治理进入"深水区"，区域性、结构性环境问题依然突出，问题是棘手的、复杂的、敏感的，需要多目标、多要素、多主体协同治理。以环境质量是否达标判断政策、规划、项目可行性的评价理念已不能支撑绿色发展的需要，也不能满足人民群众对健康安全的需求。

"人民的需要就是我们努力的方向"。谋民生之利，解民生之忧，必须加快推动发展观念升华和发展方式转型，补齐生态环境这块突出短板，推进绿色低碳循环发展，让天更蓝、山更绿、水更清、生态环境更优美。新时期，环境影响评价要坚持以人民为中心，把满足人民群众日益增长的对优美生态环境的需求作为核心目标，以全面的可持续发展为最终目标，以区域社会、经济、环境整体协调发展为出发点，牢牢把握民生底线，解决人民群众"急难愁盼"，更好地回应公众多样化诉求，为人民群众提供更多优质生态产品，实现人与自然和谐共生的现代化。

应对新挑战

——与构建人类命运共同体目标相适应，参与全球环境治理，提供思维新范式，源头预防新样板。

全球倡导可持续发展，是解决发展方式的问题，却不能从最根本上解决人性贪婪的问题、思想上的问题。无限的物质追求欲望是造成全球资源环境约束的根本原因，约占世界总人口 15% 的西方发达国家，消耗了世界 70% 的资源能源，严重超出其自身资源环境承载，严重挤压了占其他 85% 人口的国家发展空间，如果全球都继续按照西方工业文明范式发展，那么地球根本无法承受，这就决定了"先污染后治理"，用牺牲环境换取经济增长的老路走不通了。资本主义也探索了可持续发展，但它的可持续是区域性的，靠的是污染转嫁，牺牲的是发展中国家发展空间和利益，没有解决资本主义吃干榨尽、追求利益最大化的思维模式，也无法实现全球各个民族共同发展、共同繁荣、共同富裕。没有从思想根源上解决问题，注定实现不了全球的可持续。世界各国也都意识到了环境承载力的问题，全球达成《巴黎协定》就是证明。但是解决之道大家还都在探索。生态文明让世界眼前一亮，她是超越联合国可持续发展《二十一世纪议程》的更高级的思想，是解决全球发展与保护之间关系的思想武器，只有用它来指导未来的发展，才能实现可持续。

习近平总书记提出"构建人类命运共同体，实现共赢共享""国际社会应该携手同行，共谋全球生态文明建设之路"。加强生物多样性保护、制定"双碳"战略，解决全球性环境问题，这不是别人要我们做，而是我们自己要做，是一场广泛而深刻的经济社会变革，绝不能轻轻松松就实现的。但一些部门和地方上马高耗能、高排放项目的冲动依然强烈，绿色低碳的发展模式尚正探索中，国际上，一些西方国家对我国大打"环境牌"，多方面对我国施压，围绕生态环境问题的大国博弈十分激烈。

中国秉持人类命运共同体理念，积极参与全球环境治理，主动承担同国情、发展阶段和能力相适应的环境治理义务，共同保护一个地球。党中央明确提出，力争 2030 年前实现碳达峰、2060 年前实现碳中和，这是构建人类命运共同体的庄严承诺，是大国担当；更是着力解决资源环境约束突出问题、推动高质量发展，实现中华民族永续发展的必然选择。

党的十八大以来，我国积极主动参与全球治理，在中国实现在全面建设社会主义现代化的过程中，系统协调环境与经济、社会和安全的联系，寻求摆脱牺牲环境发展经济的路径依赖的发展方式，将全球生态环境治理目标与中国生态文明建设相结合，全方位、全过程推进《2030 议程》实施。我国在全球经济的影响力不断攀升的同时，在全球治理中的地位日益上升，环境保护工作也引起了世界广泛关注与赞誉，连美国媒体都报道"中国治理空气污染 7 年走完美国 30 年的路"，中国走出的生态优先绿色发展的道路，可以为世界上的发展中国家的可持续发展提供中国范本，为全球可持续发展贡献中国智慧和中国方案。

对于今天正积极为"一带一路"战略布局的中国来说，如何在中国自己开辟的世界经济格局中走好、走稳自己的路是一件非常重要的事。将环评作为政策对接工具，向外输出到"一带一路"发展建设过程中，规范企业对外投资行为，中国企业在海外投资中履行社会责任，塑造中国海外投资的负责任形象，避免"污染再转嫁"。同时，"一带一路"沿线国家多为发展中国家和新兴经济体，生态环境脆弱，经济发展对资源的依赖程度较高，普遍面临着工业化、城市化带来的发展与保护的矛盾，这就更需要坚定使用环评这个政策引领工具，一方面，发挥环境影响评价在我国的制度优势，积极参与和深度开展环评国际合作，推动中国环评"走出去"，为发展中国家提供中国范式、中国样板，服务绿色"一带一路"建设，实现将可持续发展新要求融入人类开发建设活动和战略决策全过程，降低各国因制度差异造成的分歧。引导企业推广绿色环保标准和最佳实践，合理选址选线，降低对各类保护区和生态敏感脆弱区的影响，实施切实可行的生态环境保护措施，提高资源利用率，降低废弃物排放，提升项目运营、管理和维护过程中的绿色低碳发展水平，为构建人类命运共同体贡献中国力量。

新技术赋能

——与科学技术发展阶段相适应，信息技术迅猛发展为环境影响评价有效性提升持续赋能。

党的十九届四中全会发布了《中共中央关于坚持和完善中国特色社会主义制度、推进国家治理体系和治理能力现代化若干重大问题的决定》，在坚持和完善生态文明制度体系中，提出了"健全源头预防、过程控制、损害赔偿、责任追究的生态环境保护体系"。环评作为发挥"源头预防"作用的基础性制度之一，是新时代生态多元共治环境现代化治理体系的重要的组成部分，其地位不仅不能削弱，反而应进一步强调、提升及健全，要厘清环评制度内部的功能与贡献，与其他相关制度一起，通过源头严防、过程严管、后果严惩，共同织密一张环境法治的网，打造一个既简练又严密、既消除重复又覆盖全过程的管理体系，保障和促进人与自然和谐共生的现代化。

党的十九大提出推动互联网、大数据、人工智能和实体经济深度融合，以及加快数字中国、网络强国和智慧社会的建设等任务要求，对提升生态环境数字化、智能化水平提出了更高的要求。在生态环境领域，也迫切需要将生态环境保护与信息化大数据建设衔接，需要加强生态环境大数据综合应用和集成分析，保障精准治污、科学治污、依法治污，支撑生态环境治理体系和治理能力现代化建设，提升生态环境治理体系和治理能力现代化水平。

围绕"数据强国"国家战略，依托生态环境大数据建设研究，推进环评管理数字化、结构化、智能化、智慧化已是大势所趋。运用大数据、云计算、自然语义识别、人工智能等现代信息技术手段为环评赋能，开展多源、异构、海量数据实时智能处理计算以及复杂系统模拟，实现在各个治理层之间以及与所有相关参与者之间适当地交流环评信息，进一步支撑环境政策措施制定、环境形势综合研判、环境风险预测预警、跨区域环境问题会商、智能环评复核等，是提高环评工作效率、提升管理效能的客观需求，也是加强源头预防体系现代化建设的必然需求。

理顺关系，完善体系

体系：理顺关系，各司其职

基于环评嵌入经济社会决策全过程的工程管理模式，新时期的环评应进一步建立嵌入政策链的管理机制，让环评制度从政策的制定，到规划的实施，再到项目的论证、实施、运营，形成全链条运行和传导。

战略环评，"指方向"，"报告连国是，政策系民心"，除了讨论环境影响，还要讨论环境、经济、社会和技术等更广泛相互联系，为宏观层面环境管理指明方向；规划环评，"优方案"，是优化发展模式的有效工具，回答规划方案的环境影响是否可接受等问题；项目环评，"明措施"，研究项目方案的环境可行性，分析有何潜在环境问题和风险，提出生态环境防治措施建议。

中国特色的环境影响评价制度以生态环境分区管控为基础，亮出资源环境承载的底线，着眼于环评与不同层级决策活动的互动并实现自上而下、宏观到微观的要求传导，实现战略、规划、项目环评多层次的协同，实现事前、事中、事后全过程协同监管，实现大气、水、土壤等多要素关联的协同评价。

嵌入重大行政决策的环境影响分析

重大行政决策关系到社会秩序、资源配置和公共利益。党的十八届四中全会强调，要健全依法决策机制，把公众参与、专家论证、风险评估、合法性审查、集体讨论决定确定为重大行政决策法定程序。根据《重大行政决策程序暂行条例》的规定，在拟定决策草案过程，决策承办单位根据需要对决策事项涉及的人财物投入、资源消耗、环境影响等成本和经济、社会、环境效益进行分析预测，尽可能避免决策实施可能造成的不利影响。

在我国，社会经济政策是一个庞大的理论体系和实践体系，国家、省、市都有各自的事权范围，决策层级、决策主体和决策覆盖面广、复杂多样，内容、深度等方面也并不统一，涉及经济增长、财政、税收、金融、消费、能源、资源、产业、区域发展、人口、科学技术等政策。形式包括条例、决定、规定、办法、通知、通报、批复、意见、函、纲要、规划、方案等。

中国语境下的政策、战略、规划的内涵不同于西方国家语境下的项目、计划和政策（PPP），其差异主要与施行环评制度的国家国情政体和机制体制直接相关。战略环评中的"战略"，是可能会导致显著生态环境影响的重大行政决策之义，即"战略性"（strategic）。因此，用战略环评、政策环评、规划环评这些词来形容在决策中考虑环境影响的表述都不全面。为方便分析讨论，下文用 SEA 代表以战略、政策、规划层面等重大行政决策为评价对象的环评工作。

SEA 是一种决策辅助工具，是环境保护参与综合决策的关键切入点，是推动我国经济社会结构战略性调整的重要手段；也是在重大行政决策程序中，分析预测资源消耗、环境影响的技术方法。

这里要强调的是，SEA 真正的意义不是在于增加行政决策程序本身，而是政府在制定相关政策时要以主动积极的态度，听取环境方面的建议，杜绝短期利益与局部利益的驱动，防止政策对环境产生负面影响，并对政策提出的发展路线、发展方式进行不断的选择和调整，及早预测和防止可能出现的环境问题。这个过程不是为政府制定决策增加负担，而是更好地帮助政府实现绿色发展，当决策制定者明白了这一点后，便可欣然接受 SEA 所提供的建议，也只有当政策制定部门积极开展 SEA，在新出台的政策中充分体现环境意识，全社会的发展模式才能回归理性。

国际上的通行做法是，SEA 由政策制定部门牵头开展，通过早期介入在决策链前端参与谋划备选方案，从资源环境角度参与各方案的比选，剔除环境不可行性方案，对方案起到引导和把关作用，将对环境问题的考虑内化于决策的各个环节，真正起到从决策源头防范重大资源环境风险的作用。

在我国当前实际情况下，由政策制定部门为牵头单位开展 SEA 的主体关系是比较明确的，但政策制定部门具体如何开展 SEA 路径尚不清晰。

在政府部门生态环境保护责任意识提高，以及在重大行政决策中决策科学化水平的内在发展需求，环保部门应从理念宣传推广做起，循序渐进地改变决策部门思维模式，充分认识现有决策体系中环境考量的不足和开展环境影响评价的必要性，主动组织和发起试点项目，通过实践案例积累总结实践经验，给出可行的 SEA 的路径与方法，以发挥示范效应，争取舆论支持，把政策制定者的诉求回应好，特别是有空间落地的政策要结合落地的环境条件综合考虑，坚持战略思维，不拘泥于形式，追求实际效果。

开展 SEA 必须对复杂的政策—环境系统进行简化，总体原则是能定量化最好，退一步则需要快速形成一个简明扼要的识别筛查表，供政策制定部门对将要开展制定的政策进行快速识别，当识别出政策对环境会造成重大影响时，再进一步开展论证。具体需依据政策类型采用多种评价分析方法组合，主要分为三种类型：

一是专家判断型。在评价政策累积影响时，用定性或半定量的方式估算单个影响的可能性，识别政策措施与环境指标之间的关系。例如，检查清单和问卷调查、影响矩阵、多标准分析、空间分析、SWOT 分析、因果分析、脆弱性评估、风险分析等。

二是定量分析型。通过客观度量的方式，将不同的环境影响、资源消耗、政策措施分析以统一的度量标准体系表示，便于综合比较分析。例如，投入产出分析、一般均衡模型等各类数理模型都属于此类方法，再如生命周期分析（Life Cycle Assessment，LCA），是通过定量化研究能量、物质利用、废弃物的环境排放来评估某种产品、工序或生产活动所造成环境负载的一种技术，通过分析政策情景在生产制造过程、能源消耗过程以及回收过程的污染特征，识别相应的环境影响类型，构建生命周期环境影响评价模型，实现对政策情景生态环境影响大小的定量化表征、分析和比较。

三是综合观点型。即强调公众参与、多方意见、专家意见的评价方法，利用观点差异寻求一种适宜的平衡。例如德尔菲法就属于此类方法。参与性技术方法一般可与前两种方法结合，对多类型政策进行评价。

规划环评怎么优？

鉴于规划环评在我国具有法定地位，本章对此问题进行单独探讨。在中国，规划远远超出了一个政策文本或一个封闭政策过程的范畴。五年规划（计划），通俗地说，就是以5年为时间单位对国家重大事项作出安排，是规划和调节经济社会发展的重要手段，由此指明未来经济社会发展的目标和方向。五年规划编制过程中通过各种互动模式，不断协商、起草、试验、评估、调整政策的循环过程，各个层级不同领域的政策主体相互连接，成为一个庞大的网络，输出不计其数的政策文本，引导或干预经济主体的活动。我国规划环评抓住了"规划"在国家治理体系中的独特性，被视为实施可持续发展战略的重要工具，作为连接宏观的、抽象的可持续发展目标与具体的、可操作的项目之间的桥梁，提高决策的科学性，避免决策源头的环境风险，服务并维持战略规划的定力。

自省与适应。 对于规划环评，在其配套的法律法规政策指导已经很完善的情况下，未来规划环评发展一方面需要自省，另一方面需要适应。

在自省方面，需要从实践经验中总结已配套的法律法规中不可行的部分是哪些？提出的要求是否得到了落实，落实不好的原因是什么？是法律法规本身的问题还是执行主体责任没有落实的问题？以《规划环境影响评价条例》为例，第八条提出"对规划进行环境影响评价，应当分析、预测和评估以下内容：（一）规划实施可能对相关区域、流域、海域生态系统产生的整体影响；（二）规划实施可能对环境和人群健康产生的长远影响；（三）规划实施的经济效益、社会效益与环境效益之间以及当前利益与长远利益之间的关系。"整体影响与长远影响，当前利益与长远利益关系的平衡，过往规划环评实践是否满足了这些要求，如果没有满足，是技术配套不到位，还是报告书关注点不对，抑或是有什么其他原因？以提高规划环评实施成效为目标，吸取近二十年不同领域规划环评的实施成效，做好总结是首要任务。

在适应方面，落实我国规划体系改革是实践管理的必然要求。 新时期，我国实施"五级三类"国土空间规划体系，各地不再新编和报批主体功能区规划、土地利用总体规划、城镇体系规划、城市（镇）总体规划、海洋功能区划等相关规划，实现"多规合一"，这也是空间发展管控到了一定阶段国家规划发展的必然选择。《中共中央、国务院关于建立国土空间规划体系并监督实施的若干意见》明确提出，国土空间规划编制中应"依法开展环境影响评价"。依法依规开展国土空间规划环评，不同层级国土空间规划的环境影响不同，重点是对应规划的内容，解决不同层级的国土空间规划环评"评什么"的问题，进一步在解决空间布局、重大项目落地上、配套基础设施选址和建设规模等方面给出环保的视角与判断，推动保护恢复生态空间，优化国土空间开发保护格局，并在与建设活动联系最紧密的重点领域对规划环评加强研究。如产业园区规划环评，煤炭矿区规划环评，煤电基地、石化基地及重要行业、工业规划环评，铁路、港口、航道和轨道交通规划环评，以及能源开发利用等领域，要从区域生态系统整体性、敏感性等角度，统筹评估规划实施的生态环境影响，推进各类开发活动与生态环境保护相协调，促进规划科学落地。

在当前新一代产业革命，绿色低碳循环、高质量发展成为主旋律的时代背景下，随着经济转型发展、产业转移、产业技术升级、战略性新兴产业发展，以及资源能源和产品消费模式等的变化，区域污染物的结构及其对生态环境影响方式随之发生变化。

项目环评怎么改?

建设项目处于经济开发建设活动决策链末端，也是经济建设最直接的表现。项目环评是对项目本身的环境影响可行性研判和环境保护对策措施要求的落地和细化，对企业明确需落实的生态环境保护措施，是企业守法的保障，也是后续排污许可制度和执法监管的重要依据。

　　收与放。 在国家"放管服"改革的要求下，简化建设项目环评，提高环评工作效能，避免重复工作等方向是没有争议的。无论从降低评价等级，到简化评价程序，还是到优化审批和管理程序，都要视区域资源环境约束和规划环评要求，因地制宜实施。项目环评的"放"是有前提的，前提就是正确处理规划环评与项目环评关系。规划环评与项目环评要解决的问题与矛盾本不相同：规划环评能够且必须说清楚的事情，建设项目环评没必要重复再说；规划环评没说清楚且不需要说清楚的，项目环评就要给出清晰的影响程度与预测结论，并非做了规划环评有了清单，项目环评就可简化；规划环评报告书的编制质量、规划环评的时效性等差异也很大，真正能实现联动简化的内容往往比较有限。

　　项目环评的简化，并不是一个简单的问题，需要形成一个上下联动有效衔接的制度体系。 国家层面做好顶层设计和跟踪监督，做好技术配套研究，在技术前提的基础上简化才能保障收放自如。随着跟踪监督结果情况，及时调整和指导项目环评的简化内容，同时对涉及人居安全、重大资源配置和资源环境约束突出的关键领域关键行业，如石化、化工等涉危涉重、"两高"重大项目，须严格项目环评审批，把环评"一票否决"用在"刀刃"上。与此同时，环评审批要快速高效，逐步简化，但不能忽视质量，"不想放"和"一味放"都不可取，重大项目需详细论证，当管的要管住。鼓励地方找到真正符合规律、符合实际、管用有效的审批管理体制机制，让法律的归法律，市场的归市场，行政的归行政，红灯能停，绿灯能行，才能真正提高治理效能。

　　守法与最优。 一个项目的环境影响是否可接受，依法依规、符合标准只是一个方面的工作，通过环境影响和方案比选分析，选择技术经济条件下对环境影响最小化的方案，才是环评的最终目标。对于需要开展项目环评的项目，应旗帜鲜明地提出仅满足守法的环评实际是不满足要求的，必须通过项目环评给每个建设方案都"紧紧扣"。但这个"扣"到底要紧到什么程度，并没有统一标准，项目的类型以及其所处的时间、空间、技术水平等多维度外界因素的变化，使每个项目需要优化的内容也不同。这就需要环评机构与建设方和设计方反复沟通。对于生态影响为主的项目，如果线路走向占用了环境敏感目标，就要回答"是否有避开生态敏感目标的方案""是否有尽可能少占用的方案""是否有不侵占核心功能的方案""是否有更先进的绿色化技术尽可能减少影响"？毕竟，一味寻求最优是没有尽头的，需要将比选方案框定在经济技术可行的约束下，但又绝不是以经济投入最低为选择目标。对于污染排放为主的项目，项目工艺的可行性论证，是否开展了采用清洁生产理念同行业先进工艺技术的比选分析；对于特征污染物、新污染物，是否进行了充分的识别和分析，在原料和工艺选择上是否可替代的低毒绿色原料，或减少使用有毒有害物的改进方案，尽可能帮助企业寻求最佳技术，不能让项目建成之日变成工艺淘汰之时。

关系：多元共治，共生共赢

协同治理理论赋能环评

生态环境是典型的公共产品，生态环境治理是典型的公共管理问题。公共事务治理往往涉及多个部门、多个机构的多方利益，在制度矩阵理论下，部门内部和部门之间的相关制度存在承接和替代关系，增强部门之间制度的互补性更能够提高制度绩效。可持续发展目标的多元性需求和相关方利益诉求的多样性，决定了在决策过程中须要有效调节多元利益相关方冲突以求达成共识。过往环评依托理论基础以自然学科属性为主，缺少对社会学科理论深度探讨，对公共管理类相关理论和方法的应用更是鲜有涉及。进入新发展阶段，环境治理进入"深水区"，生态环境保护仍然面临诸多矛盾和挑战。资源和环境约束越发趋紧，环境污染与人民群众追求优良生态环境的需求差距仍然突出，区域性、结构性、复合性环境问题依然突出，可能出现点面复合、多源共存、多型叠加的难控局面，生态环境修复改善是一个需要付出长期艰苦努力的过程，需要多目标、多要素、多主体协同治理。

协同治理（synergistic management）理论是指在治理空间内的政府、市场、社会组织、公民个人等参与主体，充分利用各自的资源、知识、技术等优势，以非线性的互动来演绎新的合作方式，从而形成的一种新治理方式。协同治理具有丰富的内涵，包括主体间要素的匹配性、利益与目标的一致性、合作调整的动态性、主体行为及关系的有序性以及治理功能的有效性，强调公共管理主体的多元化、主体间共同参与的自愿平等与协同性，最终目标是促使公共利益最大化。协同治理理论当前已广泛应用于包括生态环境治理的多个领域。如澳大利亚的环境改善计划不仅强调企业主动性和自我管理，而且引入第三方监督和信息披露措施，突出包括政府、企业、民间和社区利益等环境相关者之间的对话和共同合作，有利于不同利益相关方进行利益协调。美国密西西比河委员会、欧洲莱茵河国际保护委员会均统筹协调政府、公众、企业、社会各方力量参与流域治理，成为全球大河协同治理的成功典范。

协同治理理论可为环评协调相关方冲突、平衡相关方利益、促成相关方协作提供新启示：一是构建多元利益相关方的价值目标共同体，达成目标共识。环境影响评价在协调利益相关方冲突时，应当有畅通稳定的利益表达、信息共享与沟通机制，通过对话协商、信息沟通增进利益共识。通过将具有不同价值理念、行为模式和政策目标的相关方聚合到一起进行政策协调，在政府主导下各方以共同目标为导向，以互惠价值为基础，跨越部门或者组织边界共同协力达成共同目标。二是重视利益共荣机制，实现利益相关方的利益协调。在环境影响评价特别是在政策和区域（流域）环评中，应当重视分析政策的激励相容和成本分摊机制，使相关方追求利益的行为与实现生态环境公共利益最大化的目标相吻合，也就是"激励相容"制度。同时，针对由公共利益最大化带来的成本，也要建立有效的分摊机制，有效调节利益冲突。三是从系统的角度看待发展与保护，找到对系统有序运行起决定作用的序参量，以此为抓手推动决策内容、方式、路径和机制的创新，形成相关方默契配合、井然有序地自发组织集体行动，从而实现效能的最大化和系统整体功能的提升。

搭建多元主体共生平台

经过 40 余年的环评实践，可以发现简单或复杂的数学模型，实现科学性的技术方法或保障守法的政策规定都不是判断评价决策环境影响的唯一工具。对于跨行政区规划项目或大型建设项目工程来说，利益协调工作可能比单纯的科学预测具有更大的挑战性。2005 年著名的"圆明园防渗事件"，不但听证会来了千余名公众，而且环评、评审至决策全过程，全部依法向社会公开，环评报告公开 10 小时内，点击量达 17 000 次，只有公众的声音被听到，政府部门才能做出科学的决策。反观现在，公众参与往往流于形式，参与效果不理想，没有起到对各相关方的主体责任落实的监督作用，公众媒体对环评、对专家产生了信任危机，见诸报端的多是关于环评质量的负面舆论，直接影响了环评有效性。

在生态文明建设纳入"五位一体"总体布局下，政府部门及其有关职能部门、企业和社会公众各利益相关方生态环境意识的提升，带来了其参与能力的提升、价值取向的转变。新时期，治理主体上，从原来的政府主导为主的污染治理转变为政府、企业、社会组织、公众共同参与的多元共治体系，以"共赢"为原则，兼顾各方利益，统筹安排"边界活动"，以"共治"为手段，协同环境社会系统中若干主体（政府、企业、公众等）的行为，这就需要一个整合多元治理主体的"共生"平台，实现将具有不同价值理念、行为模式和政策目标的相关方的共同利益最大化。

多元共治体系下需持续扩大参与机会，环境影响评价可以制造这样一个参与机会，发挥环评信息特有的公开性和透明性，以调节不同利益相关方的冲突、促成各方协同合作、促进各方履行环境责任，以最低的成本实现生态环境公共利益的最大化和促进决策民主化。通过技术评估、公众参与、信息公开等渠道搭建了一个建设单位、环评单位、专家学者、社会公众、审批部门、政府部门、新闻媒体、学术团体、公益组织以及潜在利益相关方（投资方、预期受益或承担风险的团体）等表达利益诉求的平台，在同一平台畅通表达各自的利益诉求，通过对话协商、风险沟通等手段最大限度地缩小分歧，建立有效的分摊机制和"激励相容"机制，建立化解社会矛盾、减少环境纠纷的长效机制，确保程序合法性、形式有效性、对象代表性、结果真实性。如何创新多元利益方参与和决策机制，以实现各类社会主体与行政主体的互动协作并达到主体间的利益平衡，是环评制度改革需要重点关注的。

明确多元共治各方职责

在现代环境治理体系框架下，政府部门决策者、生态环境管理部门、建设单位、环评单位、社会公众等既是环评中博弈的相关方，又是多方共治的责任主体，应明确利益相关方在多元共治体系下的职责，调动其积极性，保障生态环境保护参与综合决策。

对于地方政府部门决策者，在生态文明体制改革下，其担负着地方环境保护的主体责任。既要摸清环境"家底"，清晰掌握本区域生态环境功能定位及现状，识别主要生态环境问题，划定生态环境分区管控方案，形成区域开发的"框架"和"规矩"。新时期政府部门应在行政决策程序中真正纳入对环境影响、环境效益的考虑，依法依规确保制定重大经济、技术政策、经济开发计划的生态环境可行性，进一步守好资源环境底线，并在各级生态环境督察中跟踪底线是否失守。

对于建设单位，作为建设项目的责任主体，承担着执行项目环境管理，加强环境保护的社会责任，也是组织开展项目环评的责任主体，应当对建设项目环境影响报告书、环境影响报告表的内容和结论负责。在当前高质量发展阶段，结合 ESG 信息公开披露制度，将环评主动开展、执行、落实等情况纳入信用管理，切实追求执法效果，促进建设单位全面担负起履行环评手续、落实环评要求的责任。

对于生态环境管理部门，既是环评制度的制定者与监管者，又是全社会环境保护的监督者。一方面，根据经济社会发展和环境保护需求，面向社会公共需求，不断完善和优化环评管理体系，为各项环评制度的落实奠定坚实基础。另一方面，生态环境部门也担负着环评审查审批和监管的职责，分级审批或审查开发建设区域、规划、项目环境影响评价文件，把环境准入关把好，做好环评管理监管和服务工作。

对于环评技术机构，提供科学、公正、客观的环境影响专业技术咨询建议。考虑生态环境的公共属性，作为环境代言人的环评机构，应以公共利益为首要，利用专业的技术服务环境管理；但矛盾的地方在于作为一家市场化的公司，以追求公司利益最大化为目标，会使其履行环评责任时不自觉地向有利益关联的开发建设单位倾斜；应重点研究如何破除委托关系对环评机构中立判断的影响，将环评信用管理与执业资格管理、公司税收优惠等激励机制相结合，探索激发技术机构和人员主动提升环评质量的制度和机制。

对于社会公众，其既有环境保护的社会监督职责，也可能成为政策、规划和开发活动的利益相关者。在当前社会公众环保意识普遍增强的大环境下，"问需于民，问计于民，问效于民"，强化公众参与制度，打通利益相关方在政策、规划和开发建设活动中的意见表达渠道，拓宽信息公开和公众参与媒介；提高环评报告书公众适应度，将专业模型、专业公式、专业术语转化成普通公众可以理解和消化的成果；环评效果好不好，应多听人民的声音。

技术创新，实现突破

为构建"人类命运共同体"持续助力

加入碳排放评价的思考

全球治理不仅是当代国际关系的主题，也将长期影响人类的命运。遏制全球气候变化，控制温室气体排放，已经成为 21 世纪世界各国的共识。我国既是《联合国气候变化框架公约》的缔约国，也是世界上最早实行环评制度的国家之一。环评制度作为前瞻性源头预防制度，这也恰恰契合了应对气候变化这一旨在保护人类远期利益的前瞻性行动，契合了减污降碳协同重在从决策源头推进环境污染物与温室气体协同治理的职责使命。碳排放评价这一政策工具的建立是在成熟的环境影响评价制度框架下，寻求一条能够转化为国家、区域、产业、企业不同层次"可落地、可实施、可评价"的应对气候变化的道路，实现温室气体全过程、全方位和多层级管理，"内促发展，外树形象"，这既是我国承担全球环境治理责任的体现，又是支撑国内"双碳"战略、双循环格局，强化绿色低碳发展引领，促进经济社会系统性变革、促进高质量发展的需求。

处理"三个关系"

发达国家大部分是在基本解决了工业污染问题之后，才开始将温室

273

气体减排提到议事日程上。我国是世界上最大的发展中国家，与发达国家处于不同发展阶段和水平，与发达国家面临的环境问题和能源结构也不同，当前我国生态环境保护结构性、根源性、趋势性压力总体上尚未根本缓解，重点区域、重点行业污染问题仍然突出。因此，在我国开展碳排放评价，必须要将控碳和减碳放到可持续发展的大系统中统筹规划、协调推进。结合我国实际，碳排放评价必须辩证地处理好三个关系：

一是处理好全球大国责任与经济发展的关系，坚持可持续发展是第一要务。必须认清我国目前还处于工业化进程的关键时期，在推进工业化进程中社会经济的能源消耗也将持续增加，碳排放增加是必然的。开展碳排放评价的目标是将碳排放约束转化为经济社会转型驱动力，在稳经济增长的同时，做到安全降碳，绝不能搞运动式减碳、限制合理的经济发展。因此，应通过创新发展路径，开辟一条低碳可持续发展路径，支撑中国向更高收入水平和更发达的发展阶段迈进，实现应对气候变化和发展经济、创造就业、消除贫困的协同增效。

二是处理好能源安全保障与"两高"产业管控的关系，坚持能源安全是第一前提。必须清醒地认识到能源需求刚性增长和绿色低碳转型之间的矛盾，长期以煤为主的能源结构特征仍将持续一段时间。既要客观认识高耗能产业链、供应链的安全和稳定是中国未来经济高质量发展的重要保障，加强各能源品种之间、产业链上下游之间、区域之间的协同互济，又要防止"两高"产业盲目扩张，防止重新回到大量投入资源性产品、低端产业的老路。必须强化战略思维，统筹考虑经济社会的可接受能力，有序推进能源绿色低碳转型，实现降碳与维护能源安全、高耗能产业链供应链的安全协同增效。

三是处理好改善环境质量与降碳的关系，坚持环保为民是第一原则。良好生态环境是最普惠的民生福祉，当前我国生态环境同人民群众对美好生活的期盼相比，同建设美丽中国的目标相比，仍有较大差距。应对气候变化要坚持以人为本，坚持人民至上、生命至上，充分考虑人民对美好生活的向往、对优良环境的期待、对子孙后代的责任。因此，必须协同推进减污降碳，打通污染防治与应对气候变化统筹融合路径，统筹推进综合治理、系统治理、源头治理，防止生态环境治理结构碎片化和治理过程粗放化，实现降碳与污染物减排、持续改善环境质量协同增效。

把握"三个内涵"

从评价理念来看，环评制度设计之初以及我国后续出台的相关政策文件虽然没有正式提出碳减排概念，也没有把降碳作为直接政策目的，但一直以来都在采用"隐形"降碳措施，实现间接降碳的效果。2021年生态环境部发布《关于统筹和加强应对气候变化与生态环境保护相关工作的指导意见》，从国家层面首次提出将气候变化影响纳入环境影响评价。《关于加强高耗能、高排放建设项目生态环境源头防控的指导意见》明确了环评对于推动减污降碳协同增效的作用，这既是环评理念的提升，也实现了环评领域从"隐性"减污降碳向"显性"减污降碳的跃升。环评的研究范畴延伸到碳排放领域，但不能简单理解成新增"碳"

这一评价因子，其实质是通过碳排放评价体系优化生产方案、能源利用方案，使产业结构、生产过程、产品方案更加绿色化，推动社会意识形态和价值观念的绿色转变，转向更加源头化、综合化、系统化的"全生命周期理念、上下游控制理念、协同防治理念"。可以说低碳化是碳排放评价的核心。

从评价标尺来看，碳排放评价的对象是温室气体，温室气体与常规污染物存在本质不同，从生命周期来说，常规污染物的生命周期短，但温室气体生命周期很长，正如联合国《人类发展报告》中指出"人类排放到大气层中的温室气体将停留一个世纪甚至更久"。从影响范围上，常规污染物具有区域性，而温室气体具有全球性。上述因素决定了碳排放评价的关注时空长度，更关注长远性与累积性影响。由于中国碳排放评价起步较晚，当前以排放控制为核心、涵盖领域广泛的标准框架尚未健全，排放绩效标准的强制性、可比性和可操作性也缺失，环评"对标对表"的工作思路缺乏参考坐标系，同时也限制了碳排放评价对减排潜力的评估，以及在评价基础上设定合理的减排目标。

从评价效果来看，碳有其自身的温室气体贡献特征和与经济活动、能源活动的关系特征，在碳排放评价中必须遵循碳的规律和特征，不能照搬传统环评对污染控制的做法。碳排放评价通过以下途径达到"减碳"的客观效果。一是通过产业结构调整实现低碳经济转型，即采用先进技术与生产工艺减少工业生产过程二氧化碳排放，实现"直接减排"；二是通过提高化石能源利用效率、降低化石能源消费而减少二氧化碳排放实现"直接减排"，通过发展可再生能源替代化石能源而避免二氧化碳排放实现"间接减排"；三是通过调整设计或优化方案，采用低碳的原辅料和低能低碳的生产工艺，生产低碳的产品，实现二氧化碳排放量降低，实现"直接减排"；四是通过负碳技术（如 CCUS 等）将产生的二氧化碳捕集利用或封存起来，实现"直接减排"。

碳排放评价需解决"三个难题"

（1）边界界定问题：应在多大程度上考虑碳排放的间接影响

碳排放核算是掌握排放特征、制定减排政策、评价降碳效果的重要基础。碳排放核算边界是开展碳排放核算的重要前提。目前各国环评指南中并未明确指出核算边界，现有环评实践中一般以世界资源研究所（WRI）和世界可持续发展工商理事会（WBCSD）联合发布的《温室气体核算体系：企业核算与报告标准》作为指导，将排放源分为范围 1~ 范围 3 共三种类型。同时，很多国家都提出要基于上下游生产链、生命周期理论开展碳评，在碳排放评价中，新建项目或多或少地将造成温室气体的直接和间接排放量增加，但是，应在多大程度上考虑温室气体排放的间接影响，以及如何减少项目上下游生产链或整个生命周期中温室气体的排放，进而从全景视野优化经济增长，明确政策发展方向，使整体达到最优，给社会经济的决策者和投资者发出明晰的信号，仍是一个值得深入探讨的问题。

（2）协同路径问题：应如何谋划减污降碳协同增效的评价路径

通常减缓气候变化的措施分为避免、减少、替代、补偿四类；控制常规污染物排放的措施分为结构调整、规模控制、布局优化、效率提升、末端治理等类别。因此可以看出，绝大多数源头控制和过程控制措施都具有较好的协同控制效应。而末端治理措施，在减排温室气体与局地大气污染物时实际上存在"跷跷板"效应。例如钢铁行业的"超低排放改造"，水泥行业的"SCR""湿法脱硫"措施，由于耗能会带来一定的温室气体增排，属于非协同减排措施，对于这类措施，如何确定选取原则，是以环境质量优先，还是以碳优先，或是以效益最大化为原则，都是实际需要考虑的问题。在碳评适应性分析中应重点关注与气候有关的自然危害，在减缓温室气体排放基础上，兼顾气候变化风险评估，提升气候韧性，提出避免、预防、降低风险的具体措施，减缓气候变化对敏感区域带来的不利影响，减少对人民生命财产和经济社会造成的损失。从哪些方面入手实现协同增效，如何寻找协同措施，如何量化评估不同措施（或技术、政策）减污降碳协同的效果与成本的关系，使协同效应最大化以及成本最小化，进而确定最优的协同控制技术路径，如何识别项目或规划方案中非协同的内容及减排措施；如何用好环评制度在技术层面落实碳减排政策，评价内容上是仅评价减缓还是体现减缓和适应并重仍需深入研究和探讨。

（3）政策衔接问题：如何促进碳排放评价与排污权交易等政策协同发力

发达国家碳减排政策及其实施工具，历经"环评—排污许可"和排放绩效相结合的命令控制型政策措施、总量控制与排放贸易相结合的市场型政策措施发展阶段，当前尤其以排放贸易为主。对于工业领域现有排放源，基本形成大规模排放源实施排放贸易，小规模排放源实施"环评—排污许可"、碳税、能源税的碳减排政策体系。环境影响评估作为向可持续发展过渡的第一线工具，发生在被评价对象温室气体减排或碳汇增加效益产生之前，需要对被评价对象相关气候效益进行事先计算与预算。将应对气候变化和可持续发展理念及早介入拟议政策、计划、方案或项目决策过程中。与此同时，各政策工具互相衔接、协作有序确保减排目标的实现。我国基于市场的碳排放权交易、企业间自愿性碳市场、碳税、能源税等机制尚不成熟，碳排放评价仍处于试点阶段。因此，未来如何促进碳排放评价要与碳排放许可申请／发放、现行排放权交易等制度逐步衔接和联动，建立"环评—排污许可"和排放绩效相结合的行政管制与市场机制并行的双轨制控制模式，成为值得深入探讨的另一难点问题。

扎根中国国情的碳排放评价思路

用一句话概括，碳排放评价思路是实现一个目标，走出一条新路，转变两种模式，遵循三大理念，坚持三项原则，推进四大路径、提升四大支撑体系建设（图 6-1），构建各方主体责任框架、落实减排义务、传导政策压力、衡量碳排放效率、公平发展机会的重要工具。

实现一个目标，将生态文明作为新时期环评工作的理论遵循，以实现美丽中国作为环评工作的目标，协同推进经济高质量发展和生态环境高水平保护，建成生态环境之美、绿色发展之美、社会和谐之美、文化

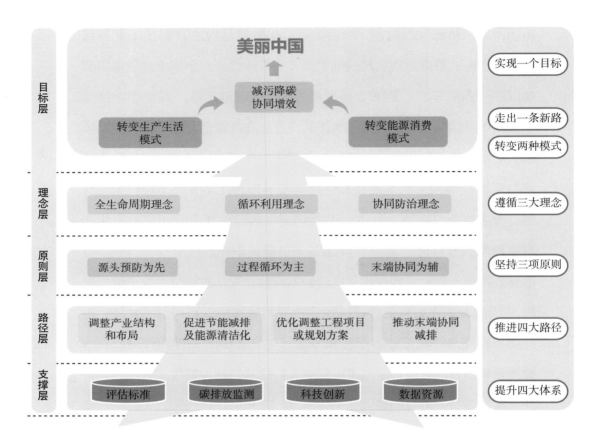

图 6-1　中国特色碳排放评价整体评价思路

传承之美和体制完善之美的社会主义现代化强国。

走出一条新路，碳排放环评不应是单独和割裂的，必须与当前的环评体系有机融合，形成一个内涵更加广泛、手段更加丰富的源头预防制度工具，即协同推进减污降碳协同增效，协同推进环境效益、社会效益、经济效益多赢，走出一条符合国情的绿色高质量发展道路。

转变两种模式，包含碳排放环评的工作，应以优化政策、计划和项目绿色转型为目标，结合环评工作的特征，在提出优化方案时，侧重转变两种模式，转变生产生活模式，转变能源消费模式，通过碳排放评价体系推动社会意识形态和价值观念的绿色转变。

遵循三大理念，一是全生命周期理念，二是全产业链理念，三是循环利用理念。碳排放纳入环评体系，不能简单理解成新增"碳"这一评价因子，其实质是创新和丰富了环评理念和技术手段：全生命周期理念是从面向产品环境管理的角度，强调不能只注意产品的社会服务功能，而无视其代谢过程在时间、空间尺度上的滞留或污染；全产业链理念是从面向产业环境管理的角度，强调不能只看到单个项目的生态过程，而忽视上下游产业在结构、功能上的耦合或锁定；循环利用理念是树立废旧物资是能源的"存储器"观点，通过再生利用、再制造等不同层级的利用方式实现多维度降碳。特别在钢铁、有色等高耗能领域，推动再生利用，有效实现原材料开采、运输及生产加工过程等价值链上的减碳。

坚持三项原则，一是源头预防为先，二是过程循环为主，三是末端协同为辅。这三项原则体现了从源、流到汇的整体预防的环境思想，为推动源头化、综合化、系统化控碳提供了很好的基础性、根本性的准则。首先，环评的首要使命是在决策源头实施适度超前的控制策略，预防环境污染和生态破坏。其次，环评对于碳排放的考虑，更加强调物质的循环再生和分层利用，为废弃物找到下游的"分解者"，使社会行为在经济和生态关系上达到持续、高效、和谐。最后，作为对碳排放评价源头预防、过程循环的一种补充，末端治理协同同样不可或缺。

推进四大路径、提升四大支撑体系建设。 四大路径分别为调整产业结构和布局、促进节能减排及能源清洁化、调整设计或优化方案、推动末端协同减排。四大支撑体系分别为评估标准、碳排放监测、科技创新、数据资源。

强化生物多样性评价思考

环境影响评价是保护生物多样性最有效的手段之一，是公约、投资机构提倡与建议的，可为项目建设及运营中的生物多样性保护工作提供科学的依据和保护方案的重要工具。我国是《生物多样性公约》的签约国。《生物多样性公约》第 14 条明确规定，环境影响评估是将开发对生物多样性的不利影响降至最低的工具，要求各缔约国：①要求采取适当程序就其可能对生物多样性产生严重不利影响的拟建项目进行环境影响评估，以避免或尽量减轻影响，并酌情允许公众参与该程序；②要求采取适当安排确保其可能对生物多样性产生严重不利影响的方案和政策的环境后果加以规避。《生物多样性公约》自签订以来，共举行了 14 次缔约方大会。多次会议决定或讨论均涉及"要求各缔约方制定关于把与生物多样性相关问题纳入环境影响评估及战略环境评估立法或进程的准则。联合国环境规划署（UNEP）的专项研究《将生物多样性与国家环境评估进程相结合》中提出，影响评估只是一种工具，充分考虑生物多样性问题，通常只能确定某些物种受到影响的可能性，确保作出知情的决定。 当前环评中开展生物多样性影响评价最需要解决的问题是："着眼于未来和当代人的需要，环境影响评价应解决生物多样性的哪些方面？生态系统损失、栖息地的损害、物种多样性、遗传多样性的损失是否都要考虑""在每个环评的技术评估程序中考虑生物多样性的侧重点是什么？"

我国环评体系中生物多样性影响评价考虑与不足

我国环境影响评价中结合生物多样性保护的理念，生物多样性影响评价一直作为生态影响评价的一部分内容进行评价，我国自 1993 年《环境影响评价技术导则　总纲》（HJ/T 2.1—93）（已废止）开始，就在建设项目的环境影响评价中提出开展生态影响评价的概念，近些年也在不断地强化，自 2011 年第一次修订增加了"生态影响因素分析"，2016 年第二次修订增加了"以生态影响为主的项目要增加环境影响预测和评价，应预测生态系统组成和服务功能的变化趋势，重点分析项目建设和生产运行对环境保护目标的影响"。 专项导则从《环境影响评价技术导则　非污染生态影响》（HJ/T 19—1997）（已废止）评价工作级别的划分标准中考虑了物种多样性，物种多样性的减少（＜50%）和物种多样性的锐减（≥ 50%）。2011 年《环境影响评价技术导则　生态影响》（HJ 19—2011）的发布，包括生态背景调查与生态问题调查在内的生态现状调查，影响区域内涉及的生态系统类型、结构、功能和过程以及相关的非生物因子特征（如气候、土壤、地形地貌、水文及水文地质等）均被提出，并把生物多样性的计算方法、预测和保护措施等作为重要内容写入导则，逐渐趋于成熟与完整。除此之外，我国还在内河航运、公路建设、水利水电工程、港口等建设项目专项导则、规范中提出了匹配项目特征的评价要求，如水电项目需重点论证和落实生态流量、水温恢复、鱼类保护等措施。规划环评导则中对生物多样性评价的说法也经历了从 0 到 1 的过程，2014 年版的规划环评导则对生态系统评价要求较为详细，经过 5 年实践过后，由于在环评中开展对这部分内容评价的可操作性与效果存在较大的争议，考虑到实用性原因，到 2019 年版修订后，进行了一定的简化。2021 年 10 月 19 日，中共中央办公厅、国务院办公厅印发了《关于进一步加强生物多样性保护的意见》，提出"开展大型工程建设、资源开发利用、外来物种入侵、生物技术应用、气候变化、环境污染、自然灾害等对生物多样性的影响评价，明确评价方式、内容、程序，提出应对策略"。

我国通常把以排放污染物为主的建设项目称为污染型建设项目（主要是工业项目）；把以产生生态破坏为主的建设项目称为生态型建设项目（主要是公路、铁路、水利水电、采掘等）。在污染型建设项目中，由于受传统项目环境影响评价的评价要求限制，评价范围和内容一般比较狭小，此类项目环境影响评价很少涉及生物多样性影响的分析。伴随经济社会的快速发展，许多资源开发建设项目已影响到一些生物多样性价值相对较高的区域，生物多样性丰富的地区面临的压力越来越大，保护和发展的矛盾突出。在当前生态型建设项目中，生物多样性影响评价过程中也只考虑了濒危物种和野生动物栖息地等具有明确法律保护地位的生物多样性保护，环境影响评价中的生物多样性影响评价报告往往只对生物多样性相关影响进行定性描述而并非开展预测分析。

国外环境影响评价中生物多样性评价的几点启示

始终有经验丰富的生态学家或生物多样性专家参与

对世界上任何一个国家来说，如何形成对生物多样性快速、系统地认识都是备受关注和迫在眉睫的事情。生物多样性信息往往是有限掌握且难以定量描述的，仅概括性描述整个区域范围内的生物物种分布概况，不能准确反映开发建设活动范围内涉及的生物物种分布情况，在没有专项调查的情况下直接用到环评中，会导致预测影响重要性的置信度较低，结果难以让人信服。国际社会在考虑这个问题时，也提出仅靠一名专家无法为任何影响评估进程提供支持。因此，需要不同领域的专家，从广泛的专业领域（如植物或陆地生态学家、海洋生态学家或淡水生态学家）到狭窄的专业领域（如哺乳动物学家、爬虫学家、鸟类专家、鱼类学家、湿地专家、海藻专家、真菌或细菌专家等）。还包括在生态系统功能属性（如营养循环、碳循环）方面具有专业知识的专家参与项目环评的重要过程，如筛选和范围界定阶段、现状调查与评估阶段、影响预测研判阶段等。

建立生物多样性清单，保存环评之生物多样性信息

对于生物多样性，国外相关研究常提的词是"no-net-loss"（无净损失），即在项目/规划的进展过程中确保无净损失的目标，当前可见的一些生物多样性影响评价案例中，评价的方法绝大多数是定性的评价方法，这导致评价结论的主观因素较多，难以如实反映生物多样性影响的实际状况，是否存在无净损失的目标。归根结底，制约环评中生物多样性开展的关键，不是技术方法的缺失，而是数据上的不足，没有可靠的基线数据或比较经验，就无法预测对生物多样性的影响。

一个区域是否敏感，列出需要重点保护的具有重要生物多样性的地理区域列表，规定在此区域内进行的项目均需进行环境影响评价。这种方法的优点在于将区域的环境敏感性的优先级放在项目之前，可以更好地保护区域生物多样性。这个清单包括生物多样性有关保护重点、生态系统类型和保护状况的详细信息，包括：生态系统数量（生态系统层面的损失或收益）；生态系统质量（相较于假定基线的状态，如物种丰富度分布、生态系统结构和复杂性）；受威胁和灭绝物种的相对数量（根据与《生物多样性公约》相关的受到威胁的物种和生态系统名录，如基于 IUCN 红色名录）。值得注意的是，敏感的区域不仅仅是由保护区构成的，还应该包括缓冲区与生态廊道、重要迁徙通道、未被干扰的栖息地，以及在适当干预手段下可能发展成为生物多样性高富集的区域。

国外注重监测和基线数据持续更新，环评中监测数据能够得到持续保存，科学家、研究人员、政府和公众可以通过互联网自由、公开地获得生物多样性数据与方法，这为进一步推行生物多样性纳入环评体系的研究提供了切实的保障，也是对环境影响评价过程中使用的国家／全球生物多样性数据库的完善与扩展，进一步提高评价结果的可溯源和可靠性。

筛选分类是前提，跟踪监测是保障

重视环评筛选过程。 环境影响评价工作早期阶段，正确筛选是重中之重。首先可能造成生境片段化、排放化学废物或引入外来入侵物种、生态系统变化的项目／规划，采用矩阵、清单和专家咨询等方法确定项目／规划是否可能对生物多样性产生重大影响，相关学者或研究报告中对筛选的表现形式有差异，但整体上都是围绕以下几个方面开展对照：

——是否会影响提供重要服务、"敏感"的区域？如保护区、文化重要区域，高生物多样性价值的区域（水道或湿地），未被划入保护区大面积连续的"原始"栖息地等。

——生物多样性目标的实现？如维持特有物种存活种群的能力等。

——是否会对环境质量产生长期、难以缓解的影响？如空气、水或土壤污染等。

——是否涉及高风险的新工艺或技术？

——是否会对生物多样性产生累积影响？如类似的开发是否已经侵蚀了该地区的生物多样性资源。

用适当工具解决问题。 运用 SEA 这项工具，以保证区域生态功能为目标，可以在更长的时间内和更大的地理区域内考虑生物多样性的状况，可将生态系统多样性、景观多样性等宏观尺度上的生物多样性作为评价重点，解决项目环评的一些缺点，包括：①交付周期太短，无法收集完备生物多样性数据；②未对区域周边关联项目进行整体评估，累积或景观规模生态影响评价困难；③缺乏评估标准，无法对结果进行令人信服的解释等。SEA 应被视为在以下情况下纳入生物多样性考虑的潜在工具。①生物多样性受到累积影响的风险很高；②重要的生物多样性资源有限且支离破碎；③重要的生物多样性资源在其整个范围内受到威胁；④缓解措施方案有限（很少有合适的替代场地可用）；⑤替代方案都是长期的（如恢复栖息地需要很长时间）；⑥生物多样性资源受到许多形式的威胁，或受到许多部门活动的威胁。

加强跟踪监测机制建设。 环评工作开展于项目实施前，是一项预期性的制度。对于项目实施后实际产生的环境影响、环评提出的污染防治措施实际发挥的作用等，由于缺乏后续行动的跟踪和监测，一般很难掌握环评工作的实质效果。同时，由于生物多样性的影响又表现为明显的滞后性特点，要想掌握项目实施的生态类环境影响，须从项目启动开始，一直持续到事后评价，开展跟踪监测。国外注重建立长期跟踪监测机制，对生物多样性保护目标动态变化进行跟踪监测，分析生物多样性变化的趋势，预防可能产生不良影响的因素，及时调整保护措施，确保有效保护生物多样性。

我国环评中开展生物多样性影响评价的建议

找到平衡点——环评不能总是为生物多样性提供最佳的结果

环评在全世界广泛使用，无论在保护区内还是保护区外，环评都提供了程序和方法以便在决策过程中纳入生物多样性考虑。生物多样性破坏往往是不可逆的过程，如果忽略这些生物多样性价值，那么环评就不能有效地作为可持续发展的工具。所以，寻找一个平衡点，对于环评中纳入对生物多样性的考虑非常重要，应在环评中明确生物多样性评价的"有所为"与"有所不为"。

理想状态下，由《生物多样性公约》和其他学者所提倡的包括生物多样性在内的环境影响评价应包括：

纳入顶层设计。 国家生物多样性保护战略与行动计划（NBSAP）应识别威胁本地生态系统、栖息地和物种的外来物种，并公布这些信息，以供 EIA 使用；将 EIA 的信息需求纳入生物多样性研究的优先排序中。

纳入规划政策。 引入 SEA 评估方案和政策的环境影响，特别是对自然资源使用有重大影响的方案和政策（如林业、农业、运输、采矿、旅游等领域），在区域、规划层级明确生物多样性"可持续利用指标"，作为 EIA 中的评估标准。

明确基线情况。 妥善处理季节性变化，采用标准化方法进行生态调查和数据整理和分类，描述物种（保护状态、生态价值、意义）、生态系统服务功能，基因组和基因等，明确区域生物多样性是否具有"独特性""丰富性"和"代表性""文化和经济重要性或潜力"以及"受到威胁的程度"、对保护和可持续利用至关重要的具有社会、科学或经济重要性意义等方面基线情况。

影响考虑全面。 识别生物多样性变化的驱动因素，充分考虑对生物多样性的直接、间接和累积影响，而不只是物种和生境丧失等直接影响。评估影响的持续时间、影响发生的可能性、可逆性、影响的范围、数量和位置、跨边界问题（如跨国界），考虑到缓解措施的实施后对生物多样性的剩余影响的评估。

开发替代方案。描述零方案、替代方案的生态环境影响。描述在项目不进行的情况下可能导致的生物多样性变化。例如，如果拟建项目不进行，现有道路上的交通水平可能会增加，从而导致更高的污染水平，并对植被产生相关影响。

监测计划合理。根据生物多样性的特点和潜在的弱点，制订在合理规模和范围内的监察计划，监测具体的生物多样性指标，指明责任分配、监测频率（考虑季节变化因素）。

缓解措施有效。确定生物多样性的具体减缓措施，对缓解类型（如避免、缓解、补偿或加强）能够缓解对生物多样性重大不利影响。

与主流结合——架起生物多样性保护主流化的过程与环评提升的桥梁

从价值观层面，"仓廪实而知礼节，衣食足而知荣辱。"社会发展阶段的不同，人类意识形态决定了生物的价值的不同，和其多样性被维持还是被破坏。当前生物多样性的保护已上升为我国的国家战略，把生物多样性保护纳入各地区、各领域中长期规划，不断建立健全生物多样性保护政策法规体系，已颁布实施的涉及生物多样性保护的法律共20多部、行政法规40多部、部门规章50多部。保护意识主流化是生物多样性保护的认识基础。通过系统性的自然教育，促进价值观从"人类中心主义"向"生态整体主义"转变，每一个国民都认识到生物多样性保护与自身息息相关。通过宣传与教育，主流价值观逐渐发生变化：只有人类独自繁荣的世界，总有一天会没落的，给繁复多样的野生物种留下生存空间，也给人类自身留下生存空间。

从数据支撑保障层面，基于生物多样性数据库的不断建立和完善，基于生物多样性保护能力和治理水平提升，建立资源共享平台，实时数据更新。各种被保护的关键地区、生境和物种在规划发展过程中能够得到考虑，那些没有被列入保护的区域、生境和物种在环境影响评价中也能得到适度考虑，建立"极小种群"保护小区的理念也在不断地细化，逐渐地，保护区外的保护小区的生物多样性损失也能够在第一时间通过编制环评被避免或减缓。过去，人们对基因改变的后果知之甚少，对基因多样性的关注更是无从着手。就拿野生稻来说，它被称为植物界的"大熊猫"，外观与野草无异，现在这类需要抢救性保护的种质资源也在陆续划定为保护区；"云南绿孔雀案"之后，云南省人民政府发布了《云南省生态保护红线》，将绿孔雀等 26 种珍稀物种的栖息地划入生态保护红线，有了生态保护红线的刚性约束，开展生物多样性环境影响评价过程中能够明确地做到有法可依；江苏在全国率先启动了生物多样性本底调查，对物种分门别类地实施清单化管理，在省内初步识别出 25 处生物多样性保护热点区域。整体上各省都在开展有益的探索，并且向好的方向进展。

从技术层面，聚焦"两单一计划一协同"（筛选清单，生物多样性要素清单，跟踪监测计划，生物多样性与应对气候变化协同）研究，加强生物多样性纳入环评。其中，**筛选清单**主要是从生物多样性角度制定一个标准，以决定项目、规划、政策是否需要在环评中重点开展生物多样性的影响评价。我国在积极构建以生态格局、生物多样性、生态功能、生态胁迫为框架的生态质量综合评价指标体系，这些生态监测数据为环评中指标构建与筛选清单指标选择都将提供较好的支撑；**生物多样性清单**主要功能是明确区域底数过程中使用的清单，通过回答清单中的问题，明确区域生态系统的敏感程度，筛选清单与生物多样性清单共同使用，回答清单的问题，需要依赖生物多样性数据库以及当前空间调查的相关数据方法，利用 3S 技术可以为生物多样性评价提供较好的支持，利用无人机获取评价范围内影像，通过当地植被类型资料及现场调查图片对已有图片识别模型进行校准，可准确统计出评价范围内植被类型和数量。自然资源部门正在开展对自然资源生态价值的评估与核算，也将对生态系统的价值提供一个可比较的价值标准；加强其有效性与可操作性的技术水平；与应对气候变化的考虑上，基于全生命周期角度，建立碳达峰及碳中和活动对生态系统及生物多样性影响评价的技术规范。

聚焦人群健康评价的重点

2014 年版、2019 年版的《规划环境影响评价技术导则 总纲》中，均将"人体健康"列为评价内容之一。《规划环境影响评价条例》

中也明确规定，对规划实施可能对环境和人群健康产生的长远影响进行分析、预测和评估。法律法规、国家需求明确要求考虑的人群健康因素，要怎么去考虑和实际操作，如何有效地开展人群健康的长远影响进行分析、预测和评估，是我国环评工作者需要进一步加强研究的领域。

保障公众健康是环境保护的根本目的之一。世界卫生组织（WHO）欧洲健康政策中心在《哥德堡议定书》中给出公认的健康影响评价（HIA）定义：系统地评判政策、规划、项目对特定人群健康的潜在影响，及其在人群中分布情况的一系列程序、方法和工具。

早期的健康影响评价主要在环评中开展，一般作为环境影响评价的部分内容。WHO 在 20 世纪 80 年代提出环境健康影响评价（EHIA）的概念，即在环境影响评价过程中纳入健康影响评价内容。随后又提出，健康影响评价应作为一个独立工作领域，敦促所有部门决策者了解其决策对健康带来的影响并承担相应的责任。随着健康融入所有政策的推进，公共卫生机构和一些组织越来越多地将 HIA 作为一种工作路径，来提高健康决定要素的公共意识、推广预防和支持健康的公共政策，以及开展跨部门的协同合作。

国际上依然有一些国家将健康影响评价纳入环境影响评价，利用环评工作程序和决策工具来维护人群健康。

加拿大、澳大利亚、德国、新西兰、泰国等国家，将健康影响评价内容整合到环境影响评价过程中，将健康影响作为决策审批时考虑的因素之一。一些跨国公司等组织，出于企业的商业目的，在其开展

的环境影响评价中也考虑了健康影响。2012 年的《加拿大环境评估法》
（CEAA）规定了环评的流程，要求各主管部门"必须以保护环境和人
类健康的方式并以预防为原则行使其权力"，并在 2015 年发文允许卫
生部门对特定项目的环评报告进行审查。泰国的自然资源和环境部，
在 2009 年立法将健康影响纳入环境影响评估，至 2015 年规定了 12 类
需要开展 EHIA 的行业。2014 年修订的《欧盟环评指令》（2014/52/
EU）中，也明确要求评估内容包含人类健康，德国在将环评指令本地
化过程中制定了《人类健康指南 支持在规划决策过程中有效地检查健
康影响》。

国外环境影响评价中人体健康评价的几点启示

专职机构主导健康影响评价，健康领域专业人员参与

世界各国的实践表明，健康影响评价多由卫生机构为主或参与推动
实施的。例如，健康影响评价的引导者——澳大利亚，HIA 实施由国
家环境健康委员会负责执行；加拿大的 HIA 由联邦及各省公共卫生机
构负责执行，环境与健康委员会等部门负责监督；英国的 HIA 由国家
卫生部、地区层面卫生机构负责执行。从国外的健康影响评价实践来
看，主要有三种形式。一是在环评过程中环评编制单位和卫生部门共
同协作，邀请健康领域专业人员负责环评中的健康影响评价，或咨询健
康领域的专家。二是在环评报告编制完成后，由卫生部门介入环评审
批流程，参与环评报告审查并提供专业领域的意见，如加拿大、泰国等
国家的环评流程中，都规定了卫生部门对参与环评审查的环节。三是

单独委托卫生领域的专业机构独立开展政策、规划或项目的 HIA。 受部门间沟通不畅、环评从业人员知识领域、时限要求等限制，环评中的健康影响评价实践并不理想，而在环评领域之外由卫生部门或健康专业机构开展的 HIA 越来越多。

加强跨学科合作，开发指导性文件和工具

1992 年，亚洲开发银行开发了一个健康影响评价框架，包括识别健康危害、健康危害风险解释以及管理健康风险三个步骤。1993 年，加拿大不列颠哥伦比亚省的健康和老年人管理局开发出第一个健康影响评价工具包，是在加拿大高级研究所关于更广泛的健康决定因素研究中制定的，供各主管部门的政策分析人员使用。 德国对 2014 年修订的欧盟环评指令进行本地转化，制定了《人类健康指南 支持在规划决策过程中有效地检查健康影响》，文件中解释了健康的相关术语和立法，介绍了健康的决定因素及标准，支持地方卫生部门在环评过程中提供健康影响方面的声明，并探讨了几种健康影响评价方法。 美国国家环境保护局对可用的 HIA 资源和工具进行整理，包括指南、模型、方法、分析工具、数据收集等方面，并于 2016 年公布了《HIA 资源和工具汇编》。2020 年，国际影响评估协会（IAIA）和欧洲公共卫生协会（EUPHA）联合发布了环评中关于健康的参考文件。

注重公众参与，利益相关方达成一致意见

泰国环境影响评估局、自然资源和环境政策与规划办公室（ONEP）的法规文件中明确规定，在范围界定、影响评估和 EHIA 报告草案审查等共五个环节需开展公众参与，并规定了公众参与的对象、方式和时长等要求，一方面通过座谈会、电话、邮件等参与式学习过程，了解拟议提案所在社区的现状健康问题，全面识别提案实施后可能潜在的各种健康影响；另一方面通过公众参与期望在评估单位、利益相关方、决策部门之间达成一致，在拟议提案实施的成本效益与健康影响之间达成平衡。

在我国环评中考虑人群健康影响的现状与问题

按照我国部门职能划分，生态环境部主要负责指导协调地方政府对重特大突发生态环境事件的应急、预警工作等。国家卫生健康委员会负责制定并落实严重影响人民健康公共卫生问题的干预措施。

我国环评实践中主要是在环境风险评价中考虑对人群健康的影响，其中，健康风险评价重点关注有害物质低浓度暴露的慢性健康危害；事故风险评价则关注突发事故情景下的人员伤亡和急性中毒等健康危害，关注火灾、爆炸、有毒化学品泄漏等突发环境事故对人群的急性伤害，如宁波化工区规划环评中设置人群健康影响专章，参考美国癌症风险评估方法，测算了有害物质现状浓度水平持续暴露 70 年的致癌风险。

从流行病学的视角，无论某个项目是否存在，人群都可能会生病，但由于人类开发活动改变了自然状态，释放了污染物质进入环境，人群暴露在这样的污染环境中可能对人体健康造成不良影响。

在环评中考虑人群健康的理念是正确的，难就难在环评工作始终需要给出一个评价结论，判断人群健康影响的准则是什么？我们需要有一种标准基准或者阈值限值与之进行比较，不超过这样的基线，人群健康在一定概率下不会受到影响，若超过暴露风险等级，需要反馈到工程建设或者规划方案上进行优化并提出防护措施，如果调整后依然不能保障人群健康，或者没有措施能够减缓这类影响，则项目或规划实施的环境影响不能接受。但是标准和基准是什么？谁来确定这个标准和基准？

虽然一些组织机构和国家已建立了化学物质基础数据库，但由于化学物质种类繁多，目前对化学物质健康效应的基础研究仍不足。2013年，化学物质信息数据库（CAS）已收录 7 500 万种化学物质，每年还会新增千余种新化学物质。2020 年国际癌症机构（IARC）公布的致癌物质种类增至 1 023 种，而 IRIS 公布健康风险评估信息的化学物质仅571 种，一些新化学物质出于商业保密需求，其理化、毒性及健康风险信息不公开披露。此外，受限于认知的局限性，一些风险现象和机制尚未得到科学认知，现有有害物质的剂量—效应系数，大多是基于动物实验数据外推至人类，加之缺乏公众可以接受的风险阈值标准，评估关于人群健康的风险还存在较大的不确定性。

总体来说，我国环评实践中的健康评价开展情况并不理想，我国环评中对常规污染物、特征污染物低浓度长期累积排放的健康风险关注较少，更是缺乏社会、文化、生物等因素对健康影响的考虑。这就是为什么我国曾尝试制定细化人群健康评价的指南文件但长期"难产"，在我国环评中开展健康影响评价的范围界定未达成共识，健康影响评价评估技术体系不完善，技术方法不成熟；我国长期健康基础数据缺失，对于如何应用流行病学和毒理学研究成果开展风险评估等方面缺乏系统、详细的规定，评价标准不明确。

我国环评中加强人体健康影响考虑的几点建议

评什么。 考虑到我国环保主管部门的职能划分、环评从业者知识领域的局限，在当前环境基准数据及健康大数据缺失的背景下，现阶段环评中的健康影响评价范围仍侧重于环境因素变化引起的健康影响，包括化学、物理、生物因素变化的健康影响，重点对突发事件的环境风险进行评价，保障人民根本利益；对拟议方案潜在重大不良健康影响后果的其他健康影响因素以及累积性污染产生的健康影响，目前缺乏统一的要求，由环评从业者根据实际情况自行考虑是否展开考虑。随着"健康中国"上升为国家战略，我国卫生部门已启动健康影响评价领域的探索和实践，其中上海卫生部门制定了我国第一个健康影响评价指南。随着我国健康考虑融入所有政策要求的持续深入，加上对污染物长期暴露的慢性健康风险及健康影响综合评价研究成果的日渐增加，在环评中循序渐进地考虑更多健康影响因素的综合性健康影响评价，关注更多可能影响健康的环境要素，如水环境、大气环境、土壤环境、声环境等。

怎么评。 一是加强环境基准研究，尤其是污染物暴露的健康效应基础性研究；二是与卫生部门协作，加强对已有健康影响相关研究成果、健康调查数据等进行梳理，建立共享数据库；三是构建重点行业健康影响评价指标体系及评价标准，识别优先控制的污染物，研究开发不同行业的健康影响因素、有害因素暴露等的评价方法和工具包，边用边完善，完成从定性到定量的过渡；四是将健康影响有关信息充分、清晰地向公众解释，赢得公众信任；在筛查、评估、审查等不同环节，通过多种形式了解利益相关方的意见，增强拟议提案的合理性和社会可接受程度，在成本效益与环境健康影响之间达到平衡。

聚焦回归环评本质的技术水平提升

四个层次

我国环境保护从污染治理进入减污降碳协同治理的新阶段，生态环境保护的境界更高、领域更宽、层次更深。新时代环保工作重心转移，逐步由点面源污染治理向山水林田湖草系统治理转变，环境保护已经进入以降碳为重点战略方向、推动减污降碳协同增效、促进经济社会发展全面绿色转型、实现生态环境质量改善由量变到质变的关键时期。面向新时期、新阶段，环评技术提升要着眼于技术突破和方法创新，主要分为以下四个层次。

第一，**环评是实践应用学科，要遵循从"实践到理论再到实践"的学习模式，做好理论总结与基础学科的衔接，指导解决实践中遇到的技术问题**。早期从事环评工作的技术人员，来自大气、水、土壤、生态各领域，在环评兴起后部分技术人员投入环评工作中，把环境要素的科学技术方法也自然而然地带入环评。过去，环评与行业技术专家的融合紧密，对重点行业领域环境污染特征关注度高，加强了不同行业工程技术下的污染特征分析。当前环境科学的学科领域分工越来越细，环境要素领域的污染治理和基础研究欣欣向荣，大气、水、土壤等环境要素学科的技术创新较快，环评在自然科学的技术支撑依旧停留在《环评法》颁布后引发的技术研究热潮下，环评与基础学科研究的"强链接"渠道并不通畅，未及时吸纳环境要素学科的最新研究成果。新时期，对从环评中产生的问题加强科学研究，并与基础环境科学技术加强合作，解决环评长期没有解决或难以落实的技术问题。

第二，环评是个决策工具，科学研究转化成管理支撑需不断适应于行政管理体制改革的要求。未来应聚焦在如何更加科学、有效地支撑决策的技术，以确保决策时既考虑经济和技术因素，也能够将环境价值给予适当考虑，给出简要且准确的信息，为领导层决策提供更具前瞻性和科学性的依据。尤其当今科学决策、民主决策、依法决策对环评这一决策工具的需求更加突出，迫切需要应用管理学、政治学、公共政策和组织理论及技术方法，开展跨学科研究和协作，建立使环评发挥最大实际效用的工作模式，提升部门间沟通效率，促进共识建立和冲突解决，进而提升决策的科学性、民主性和合法性。

第三，环评是门科学技术，环境影响评价应将多要素的有机协同治理视为题中之义。生态环境系统是多种关键生态要素相互结合的有机统一体，坚持系统思维，直面更深层次和更广领域的生态环境矛盾问题，满足环境污染治理进入"深水区"要求的关键技术体系提升，为深入打好污染防治攻坚战打造环评"利刃"。传统单要素、小尺度的影响评价，也难以适应我国环境污染呈现出的复合性、累积性特征趋势，无法深入解决新阶段环境保护面临的复杂问题。把系统协同控制理念贯穿评价始终，进一步与资源承载相结合，从更大的时空尺度关注系统的演化，加强对减污降碳协同、细颗粒物与臭氧协同、土壤—地表—地下水环境风险协同、水环境—水资源—水生态统筹、陆海统筹等角度研究资源环境承载力与环境影响综合研判技术和路径。

第四，环评是"实施可持续发展战略"的保障，可以结合实现美丽中国和中华民族永续导向，进一步提升环评决策的技术水平。在可持续发展的视角下，经济—社会—环境是一个整体。未来，领域的拓展和目标的多元可能增加环境影响评价流程和技术的复杂性，有统计表明，如果将"环境"拓展到经济、社会领域，那么环境影响评价涉及的技术方法将会超过 100 种。各种各样的评价技术有各自的特点和适用条件，解决的问题也不一样，我们面临不同空间尺度环境问题，采用不同的评价技术方法，既不能一概而论，又不能一哄而上，更不能无限放大，环评不是一个筐，不能什么都往里装，边界模糊、承载过多必然会产生效率不高、收效甚微等问题。以目标或问题为导向，吸取、吸收、创新与评价层级相匹配、与管理要求相适应的评价方法，以满足可持续发展、生态文明建设、"双碳"目标实现的需要。

四个重点

技术方法是对基础理论的技术实现，伴随理论而来。技术方法也是从实践中来，针对实践中的难点和问题，推动技术方法的创新。为了确保技术方法具有普适性、评价结果具有可比性、数据获取具有可获性，技术方法并不是一味地求新求变。但是，在面对新的环境问题时，也必然是需要技术创新的。当前，我国在环境问题日益复杂的背景下，强化预测技术，解决资源环境承载力分析与累积影响评价分析中的技术难点是影响环评在区域、规划和战略层面发挥作用的"卡脖子"问题。

回归环评预测本质

约翰·霍兰在《隐秩序》中指出，系统越复杂，其预测的可靠性就越小。生态系统复杂精妙，水、气、声、土壤、生态均有其各自的演化规律，各环境要素之间又存在纵横交错、密不可分的交互作用，不同变量的关系又是非线性的，对其做影响预测，复杂且有不确定性；生态文明建设存在错综复杂的联系，涉及数理化，天地生，地矿水，社会、经济、自然，不能单兵独进，必须统筹兼顾。战略层面决策的影响除自然生态系统外，还包括社会经济环境、政策环境、舆论环境等人文环境，既包含自然规律又包含社会规律，原本复杂的预测会变得更加困难。

评价、博弈、预测、决策、优化等方法的研究一直是管理科学与工程学科的热门研究方法。环境影响评价是个预测科学，其工作过程中遇到问题往往不是单一目标引起的，不能简单回答是或否。这些年，为了保证经济社会有序发展，环评工作投入大量的精力去解决污染存量的问题，通过"以新带老""增产不增污"等手段在解决现状环境问题的同时保障了社会经济持续高速发展的情况下环境质量不恶化，但由于认识水平、时间限制、支撑标准、政策变化的不确定性，在对环境影响可行性判断上，确实存在较大的技术难度，对预测方法、手段的技术关注度的提升也不够。

无论环评如何改革，环评中最重要的部分，对经济活动的环境影响的模拟预测当前是没有制度可以替代的，环评将面向发展的问题转换成对未来环境问题的判断，反馈到对未来经济发展的优化，这个工作程序无法被替代。"影响评价"才是环评工作的核心，坚持科学民主客观公正的原则，评价政策、规划及开发活动所产生的影响，制定出减轻不利影响的对策措施，开发建设活动的环境影响到底是"可行"还是"不行"，为决策提供具有前瞻性和科学性的依据，让政府处理好经济发展和环境保护之间的关系。

《2021中国生态环境状况公报》显示，2021年污染物排放持续下降，生态环境质量明显改善。其中，全国空气质量持续向好，地表水环境质量稳步改善，管辖海域海水水质整体持续向好；全国土壤环境风险得到基本管控，土壤污染加重趋势得到初步遏制；全国自然生态状况总体稳定，单位国内生产总值二氧化碳排放下降达到"十四五"序时进度。保住环境保护数十年奋斗来之不易的成果，减缓和避免在全面建设社会主义现代化新征程中出现新的环境问题，结合"双碳"目标落实，此时正是环评加强预测判断开发建设活动的影响把控开发建设活动准入的关键时期。新时期，让环评回归到预测、避免新的环境问题出现，提高环评的前瞻性和预见性的抓手有以下两点。

其一，遵循系统论的逻辑思维，从社会—经济—环境大系统出发，开展整体性、系统性和综合性的考虑，从常规污染到特征污染、从单个影响到累积影响，从全生命周期的视角，判断"从摇篮到坟墓"全过程的影响可接受性，做好环境保护措施的技术经济论证和环境经济损益分析。

其二，探索快、准、好的技术方法，从不同层次环评的需求入手，系统研究如何提升预测结果的科学性和有效性，对现有技术无法判断其影响可行性的，或者可预见的技术无法有效减缓其影响的开发活动，需要慎重甚至暂缓。

说清资源环境承载

要从根本上解决生态环境问题，就要把经济活动、人的行为限制在自然资源和生态环境能够承受的范围内，给自然生态留下休养生息的时间和空间。在理想状况下，资源环境承载可以确定一个"阈值"，超过阈值的压力将对资源环境造成长期损害或破坏。在生态文明思想的引导下，各级政府和部门都提出要将社会经济开发活动控制在资源环境可承载范围，深入开展承载力和容量分析，就是要考虑自然资源和生态环境对项目或经济发展的承受限度，助力推动构建与生态环境承载相适应的发展格局，这也是人与自然和谐共生的内涵。当前绿色低碳循环和高质量发展成为主旋律，区域资源环境普遍面临"减压"需求，我们需要将资源环境的"阈值"理论转化为环境影响评价的实用技术。

2022 年近 80% 的城市空气质量已经实现达标，达标意味着尚有环境容量，在这种情况下，形成一套行之有效的生态环境承载力理论方法进而真正实现优化发展就成了新时期必须解决的问题。在新时期的环境影响评价工作中，需要确定区域的资源环境"阈值"，并将预测的主要环境影响（包括累积影响）与阈值进行比较。因此，需要基于资源环境阈值的理念，发展适用于环境影响评价的"阈值"确定方法，确保拟议的政策、规划和计划与自然资源和环境资源相适应。在环评中寻找确定适合的资源环境承载力技术方法，需要从以下几个方面考虑：

法规"阈值"运用。国家和地方经济社会发展规划、生态环境保护规划等设置的资源环境指标，以及生态保护红线、国土空间开发管控、水资源与能源利用的"双管控"、重点污染物排放总量管控等，均属于环境影响评价应当采用的法规"阈值"。其中，一些阈值是基于绝对值的，有些则是基于相对水平。在采用法规"阈值"时需要在环评中明确多项阈值的运用规则，以满足多目标的需求。

趋势分析。利用历史趋势，确定资源环境"基线"。评估过去一段时间资源环境影响演变过程，基于历史变化趋势、资源环境影响与经济发展的耦合关系，将某一历史时期的资源环境状态视为可接受水平，作为环境基线。例如，生态系统的生物群落是生态系统多重压力作用的结果，采用"生物完整性指数""水生态健康指标"等评价工具，通过参考历史数据，结合受影响最小斑块的生态指标，确定整个区域的生态系统基线状况。 历史趋势分析法，就是要求在确定"基线"和"阈值"时，应基于现实考虑，确定可达的目标。 不能盲目"拍脑袋"。

因果关系分析法。 环境影响的因果分析包括源、过程和结果。 其中，"源"包括来源与压力源，基于对经济活动的解析，建立经济活动与生态系统标识指标的关系。 通过分析导致区域产生整体影响和长远影响的结果与经济活动间的因果关系，制定减轻累积效应和增加资源的环保策略，减轻资源环境压力。 确定因果关系的好处是能寻求最大经济效益的减缓策略。

生态系统分析。 生态系统分析是基于生物多样性保护和生态系统可持续性考虑，利用自然边界（如流域和生态区域）应用生物完整性指数、景观格局指数等作为生态指标进行评价。 这是从区域视角和系统整体性上进行生态承载力分析的思考。

资源环境愿景与压力优化配置。 在缺乏对所关注的资源、生态系统的可靠阈值的情况下，可取的方法是基于社会对未来资源利用、生态环境保护等规划或中期资源环境愿景，评估资源、环境压力，并在区域内优化分配。

开展资源环境承载力研究，哪个测算的数值更准确不应成为各个利益相关方纠结的中心，即只要有一个明确的允许排放数值要求，并与环境质量监测结果间构建一个输入相应模型，中间可以是灰箱。 在不断进行的应用调整中，形成调控环境质量与经济发展的关系，能够指导工作的模型就是有效的工具。 在新时代，制约开发建设活动的因素，以及区域环境承载力可以依靠大数据技术来回答，通过海量经济社会发展数据、环境监测数据，污染源分布数据，自然地理数据等基础数据，依靠地理信息系统的辅助，开启对环境承载力的大数据验证的途径，用新时代的信息技术解决原来长时间无法解决的问题是可以期待的。

累积影响评价方法

累积影响评价的技术方法研究有待进一步加强。 过去环评方法按照单一要素开展评价的方式，不利于多介质协同工作，往往关注的是重大的环境影响，经常低估一点一滴造成的累积环境影响，一个建设了数十年的电厂周边的土壤会有一定程度的污染，这与累积影响是分不开的。今天大气沉降一点污染物，明天污灌累积一点污染物，三十年后这块土地就不能用了，修复耗费人力物力财力，修复后可能还有用途限制，这就是没明确累积影响的表现与后果。但要明确累积影响绝非易事，这也是全球范围内评价技术的共性难题。长期以来累积影响并未得到广泛的实践，累积影响评价方法仍不成熟，特别是特征污染因子的迁移、转化及协同影响几乎都没有实现有效评价，针对这个情况，为保证环境质量不恶化，我国探索性地采用了区域限批等行政手段，尝试解决新增项目的累积影响可能导致环境质量超标问题，但这不是从科学的视角去解决问题。让评价回归科学，重要任务之一就是要加强对污染物迁移转化富集情况的判断，但使人类活动对环境的累积影响保持在一定的阈值之内。

累积影响时空范围的界定是累积影响评价的关键。 由于累积影响主要是人类的开发活动对区域的环境影响在"时间上和空间上发生拥挤"，以至于这些影响无法在有限的时间内和空间内吸收和消化而导致的。若不能明确评价累积影响所需划定的时间范围与空间范围，可能会得出截然不同的结论。一方面，在更大的时空范围内考虑某一活动对环境的影响及其长期后果，较多地关注生态完整性、社会经济影响及全球性环境影响等；另一方面，充分考虑累积影响本身存在的时间与空间的"滞后"与"拥挤"，以及污染物可能的协同效应、阈值效应、蚕食效应等，所以项目／规划的工程影响范围与按照全生命周期来考虑的时间界限尤为重要，实现此目标需要对工程影响区的相关历史记录进行一定的考虑，并在此过程中，保持持续的信息共享与跟踪，只有这样，一个项目的累积影响才能真正被明确。

数字信息技术赋能

数字信息时代泛起的涟漪持续影响着经济社会的运行模式，数字化技术指数级增长、信息广泛化和组合式创新方兴未艾。人工智能、物联网、5G、区块链、生命科学、量子物理、新能源、新材料、虚拟现实等现代信息技术手段正在为我们带来各种的效率提升，并促进社会进步，为一些重大的经济社会问题带来了新的解决方案。正如前章所述，我国环境影响评价信息化建设实践证明，现代技术的引入极大地促进了环境影响评价业务的精准化管理，应用新技术、新工具已经成为环境影响评价工作提高工作效率、保障环评质量的重要抓手。利用信息化新技术的优势，把环评基础数据"统"起来，让环评数据"活"起来，是提高环评工作效率、提升管理效能的客观需求，又是加强源头预防体系现代化建设的必然需求（图 6-2）。

大数据、物联网、移动通信技术是非常重要的数据采集和管理、计算能力和条件保障，是给环评赋能的"底座"。 环评涉及面广、数据信息量大，过程中需对经济、社会和生态环境数据进行收集、整理，这种数据整理占据了环评工作中的很大一部分时间与精力。 环评基础数据的建设虽积累了一定的数据采集管理技术，但数据分散化，异构性、非结构性等特征使数据识别和提取难度更大。 大数据时代的环评决策，越来越依赖对数据的积累、获取、互联等，快速、高效地识别、采集目的数据，能够极大地提高获取数据的能力、提高数据资源处理效率、强化数据互联互通，吸纳融合外部数据，包括但不限于国民社会经济发展数据，真正形成环评基础数据大仓库，实现多平台数据互联互通、共享共用，形成数据驱动决策的信息基础。

云计算、人工智能、区块链是非常重要的支撑决策判断、模型分析、方案优化、智能校核、数据信任的工具，是环评提效增质的重要保障。

在数据剖析方面，人工智能拥有强大的"大脑"， 通过分析问题数据和学习数据质量知识库，可提供非常强大的数据挖掘、模型分析、方案优化、智能校核等数字化产品。 按照一定的规则和标准自动生成环境态势图，通过机器学习、语义理解、情境感知以及综合决策思维，用于分析方案的合理性、判断措施的可达性、校核结果的正确性等，给决

图 6-2　应用到环评中的新技术词云图

策主体提供直观性和可视性的情况结论，并据此辅助制定决策。机器学习、图像数字化以及数据聚合和可视化技术的进步可能从根本上改变环境影响评价的完成方式，省去编制、审批和管理等环节的人力时间成本，不仅能够确保环评的时效性，还能精确地完成环境决策方案的生成和选优。

在数据模拟方面，采用线下软件模拟分析则需要精通各环境要素模拟软件，对编制、评估人员专业素质要求高。而云计算系统可以对多源异构海量数据实时智能处理计算以及全景性模拟仿真，智能化的模型预测分析为决策者提供高可信度的预测结果，分析出规划、项目等对环境、对人的影响范围、过程和程度，判断新项目与环境、社会的因果关系，规定好输出格式，把影响说深说透说明，在此基础上提出系统化的解决方案。利用遥感卫星数据以及地面实况数据可以绘制区域数字生境图，利用无人机通过遥控摄像机和声音捕捉器，捕捉图像和声音；利用 AI 识别特定物种，弥补人类无法进入无人区而导致的生物多样性调查不足的问题。

在**数据信任**方面，信息时代降低了跟踪成本，新型传感器、信息系统与通信技术使追踪污染以及执法监督的成本日益下降。此外，数据安全与信任问题也须引起高度重视。利用区块链防篡改、可追溯、数据共享、隐私保障、数据权属清晰、算法信任等特点，提高数据质量，可提出并实现环境数据质量保障综合解决方案。

信息化为环评赋能的蓝图是巨大的，本书将从以下两方面抛砖引玉，把更多的火花留给信息技术领域与环评需求端。

第一，打造更广泛的社会化参与和管理平台。在环评编制过程中理解公众意见和迅速回应是至关重要的，数字化、可视化的环评将有助于这一期望的实现。通过在网络平台或填写调查表，社会化的环评参与平台有助于管理者及时发现和应对舆情。环评报告以 PDF 格式全文公开，本身的内容多而复杂，对公众来讲很难找到和理解关键影响、结果和减缓措施。数字化的环评有助于扩大公众的环评参与度，结合在线地图的可视化效果，各相关方均可在线查看和理解建设项目所处环境及社会背景，无论从易读性还是从可接受性上看，都能有很大提高。

借鉴学习国外经验，实现环评编制信息及时共享，使参与环评过程的各方可以访问了解他们需要的信息，并使过程沟通数据都能有所留存。类似塞尔维亚的 Envigo 系统，允许在系统内管理项目环境影响评价过程的各个阶段，按主题展示数据集、提供评估方法、可视化效果、导出报告等。评价过程结果以自动生成的表格和图表形式可视化呈现，并导入数字报告中。任何能够访问互联网的人都可以访问数据库，并鼓励利益相关者与总部之间形成成本低和高效率的沟通。

第二，加强更深层次、智能化的决策支持能力。环境影响评价数据能够挖掘出环境政策措施制定、环境形势综合研判、环境风险预测预警、跨区环境问题会商、智能环评复核等丰富的数字产品，特别是环评审批数据可以对国家经济发展的趋势进行预判，分析政策落地效果以及提出环保要求，通过更加智能化的分析研判，为科学决策提供重要支撑。

借鉴学习其他部门的管理经验，学习金融部门管理投资成果，如国际金融公司（IFC）的 MALENA 项目，利用人工智能学习和提取投资相关的 ESG 信息，识别特定的术语，并结合上下文语境识别语义，通过 AI 学习综合决策思维，预测与之相关的投资分析，帮助国际金融公司的工作人员对环境风险进行优先排序，并确定何时何地可能需要更多的支持和资源。

中国环评发展战略路线图

　　党的二十大提出建设人与自然和谐共生的现代化，高质量发展是未来的主题，相信中国环境影响评价将在推动高质量发展、低碳社会建设中拥有更为广阔的舞台，发挥更大的作用。结合我国国情和发展需求，明确环境影响评价领域近期、中期、远期的发展需求与目标，构建适应新发展阶段、新发展理念、新发展格局的环评3.0体系。

环评3.0，"我要环评"

　　进入新的历史时期，环评走向3.0时代，是决策各方责任主体主动履行责任和法律法规要求，从"要我环评"向"我要环评"转变，是生态环境保护与经济发展从博弈到协同共生的转变。之所以这种转变在新时期才能出现，是因为其具备了重要的历史条件。

　　第一，生态文明思想成为新时期全面建设社会主义现代化的基本遵循。生态文明思想是在深刻总结人类文明发展规律、自然规律和经济社会发展规律基础上，强调生态兴则文明兴，倡导"人与自然和谐共生"。生态文明思想从认知上改变了人类社会经济活动与自然的关系，从利用自然、改造自然，到与自然和谐共生。颠覆了过去保护环境就要限制发展、促进发展就会污染环境的"二元博弈论"，从哲学理论和思想认知上，阐明了保护自然环境就是保护生产力，发展环境就是扩大生产力，并以推动高质量发展为指引，明确了新时期经济社会发展的方向。在这个方向的指引下，为我国各方决策责任主体，构建了新的价值观，让各方责任主体主动履行生态环境保护责任和法律法规要求，主动将生态保护纳入决策体系，开展环评是在决策中考虑生态环境问题一个重要抓手，为了保障决策的科学性，将"我要环评"成为决策者的主动需要。

第二，最严格的制度、最严密的法治成为生态环境保护的重要保障。党的十八大以来，我国加强生态文明法制建设，加快制度创新，增加制度供给，强化制度执行，充分发挥制度这个管根本、管长远的作用；我们制（修）订了30多部法律法规，构建了覆盖各类环境要素的法律法规体系，用最严格的制度、最严密的法治，保护我们的生态环境。

2014年修订的《环境保护法》"史上最严"，是"长了牙齿"的《环境保护法》。改变了过去守法成本高，违法成本低的普遍现象。与旧法相比，新法加大了违法处罚力度。对于环境违法的行为，既要"罚票子"，也可能"蹲号子"。特别是"按日计罚无上限"这一规定，大幅提高了企业的违法成本，对违法者形成了强有力的震慑。严格的法律制度，让企业主动依法办事成为各方的行为准则。

修订后的《环境保护法》明确了生态文明建设和可持续发展理念，将过去的"使环境保护工作同经济建设和社会发展相协调"修改为"使经济社会发展与环境保护相协调"，"环境保护"与"经济社会发展"二者先后次序的变化，彻底改变了环境保护在二者关系中的次要地位。法律地位的调整带来环保执法力度的升级。主动开展环评，用环评制度来协调发展与保护的关系，不仅是依法守法，更是对投资者、决策者自身利益的保障。

中央生态环境保护督察是习近平总书记亲自谋划、亲自部署、亲自推动的重大制度创新。自 2015 年中央环保督察制度建立，从根本上改变了我国生态环境保护工作"有法难依"的尴尬局面，用"利剑"捍卫了国家"违法必究"的执法决心。全国两轮督察共受理信访举报 28.7 万件，其中 99% 已经完成了整改。两轮督察下来，习近平生态文明思想更加深入人心，生态环境保护，不再是说起来重要、喊起来响亮、做起来挂空挡，而是说到就要做到、做到还要跟到底。中央环保督察从"督企"转向"督政"，实现了对"党政企"的全覆盖，成为推动地方党委和政府及其相关部门落实生态环境保护责任的硬招、实招。

"长了牙齿"的生态环境保护法与捍卫法律的"利剑"中央环保督察，守护美丽中国的刚性约束和不可触碰的"高压线"。这些都为将环评打造成为政策、规划编制过程环保要求的嵌入工具，决策者依法执政的科学依据，成为维护和保证公众环境权益的有效手段奠定了重要的制度基础。

新时代，随着我国总体布局从"四位一体"向"五位一体"部署转变，环境与发展的关系从对立博弈到协同共赢的变化，随着发展模式向高质量发展的改变，环评不再是人们口中的"控制闸""调节器""通行证""杀手锏"，环评在经济社会发展中将转变为决策的参谋智囊，环评也将从被动的"要我环评"向主动的"我要环评"转变（表6-1）。

表 6-1 环评 3.0 的特征

演变趋势	工业文明	生态文明
总体布局	"四位一体"	"五位一体"
博弈关系	"环境换取增长"的对立关系	人与自然和谐共生
发展模式	高投入、高消耗、高污染、低质量、低效益、低产出	高质量发展（用最少资源获取最大效益）
环评角色	"控制闸""调节器""通行证""杀手锏"	参谋智囊
价值转换	"要我环评"	"我要环评"

中国环评发展战略路线图

什么是中国环评3.0？需要我们回答理想的中国环评体系"评什么、怎么评、如何用"等关键问题，明确环境影响评价（理论、技术、管理、制度）体系创新方向，推动环境影响评价制度深入发展决策、拓展理论基础、创新技术方法、完善制度平台、参与国际合作等主要任务，从阶段目标、关键技术、关键项目、关键市场以及政策、人才、平台等保障措施设计中国环境影响评价发展战略路线图（图6-3）。

在阶段目标实现上

近期（2025年），以《"十四五"环境影响评价与排污许可工作实施方案》为指引，实现环境影响评价源头预防作用进一步提升，基础保障作用进一步增强，制度创新体系进一步丰富；中期（2030年），形成理论体系框架完善、技术体系先进引领、信用管理体系、信息共享机制与长效监管机制健全的环境影响评价制度体系；远期（3035年），打造满足多目标需求、多样性诉求、多视角分析、多层面判断的中国理想环评体系。

在"四个关键"引领上

坚持学习国际经验与自我创新相结合，坚持问题与需求导向，坚持"四个面向"（专栏6-1），以关键方向的创新，以关键领域的突破，以关键项目的实施，以关键市场的把握，带动环评实现重点突破。坚持持续推进国际先进环评技术的本地化应用，依托跨学科领域合作提升管理效能，信息技术赋能打造环评政策、技术、标准平台；开展生态文明建设框架下环评理论建构、生态环境分区管控制度完善，环评制度有效性评估与成效分析，"一带一路"沿线国家环评制度与项目准入清单制定、多要素联动环境影响评价技术模型等关键项目研究；服务支撑国家重大战略区、城市新区、都市圈、产业园区、能源基地、重点领域和重点行业发展决策。

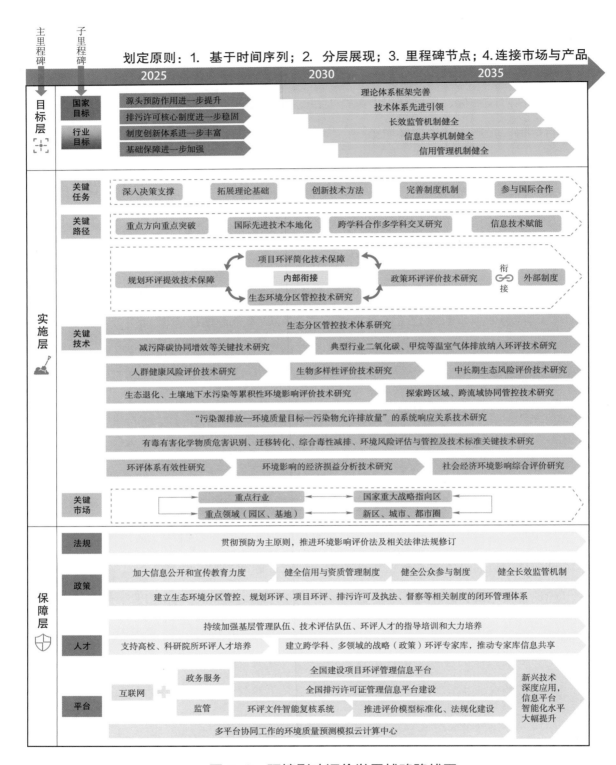

图 6-3　环境影响评价发展战略路线图

专栏 6-1　坚持"四个面向"，部署环评技术创新

面向世界科技前沿，基于生物多样监测网络与生态补偿制度的完善，探索实现生物多样性纳入环评体系中的实现路径，研究将温室气体排放评价纳入不同层级环评的技术框架。

面向经济主战场，服务经济发展需要，将生态产品服务价值纳入评价指标体系，推动传统工业化方式中外部化的成本内部化，绿色发展方式中外部化的收益内部化。

面向国家重大需求，深入打好污染防治攻坚战，围绕"提气、降碳、强生态、增水、固土、防风险"整体目标，从水环境污染到关注水生态保护，从关注空气质量达标到减污降碳协同增效，从关注土壤环境风险到土壤—地表水—地下水联动影响风险，关注在化学品环境风险防控、新污染物治理等领域防控能力，提升环评协同治理能力。

面向人民生命健康，践行"生态文明的本质属性是人民性"，基于流行病学调查、人群暴露—计量效应监测监控，探索环评开展人群健康评价的范围和方法。

在主要任务部署上

一是深入发展决策。从更前端和更高层次参与国家经济社会发展决策，服务国家重大战略，真正发挥环境影响评价在源头预防上的关键作用，协同推进高质量发展和高水平保护。

二是拓展理论基础。以习近平生态文明思想为根本指引，向学科广度和评价深度上拓展环境影响评价基础理论研究，实现环境影响评价理论基础的强化和提升，为科学决策提供理论基础。

三是创新技术方法。以环境影响评价技术和方法创新，解决传统环评技术方法难以解决的深层环境问题，适应新时期环境影响评价的新要求，融合现代信息技术手段，提升环评决策支撑效能（图6-4）。

四是完善制度平台。适应生态文明建设的新形势、新要求，推动

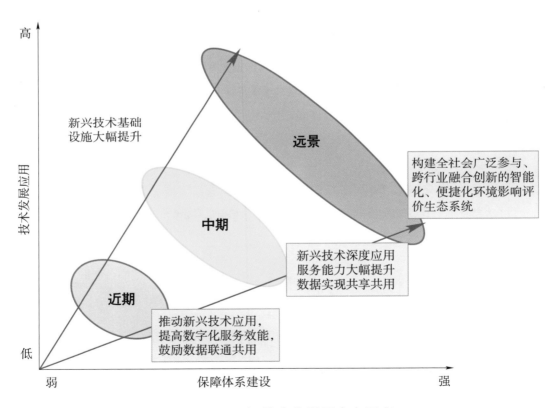

图6-4　环评信息化发展方向思考

专栏 6-2　平台：环评信息化发展方向思考

近期，持续推进全国建设项目环评管理信息平台，完善环评文件智能复核系统功能，实现跨层级、跨部门数据共享共用，提高数字化政务服务效能。

中期，推进信息化新技术在环境影响评价业务中得到深度应用，初步构建环境影响评价数据大系统，环评全链条技术服务能力明显提高，逐步推动国际化应用。

远期，构建基于国土空间大格局的全社会广泛参与、跨行业融合创新的智能化、便捷化环境影响评价生态集成系统。

环评自然科学与社会科学属性的进一步融合，在丰富制度内涵、优化环评体系、深化制度衔接、强化责任落实等方面推动跨学科研究，提升制度管理效能（专栏 6-2）。

五是参与国际合作。将环评作为政策对接的工具，将源头预防理论方法向外输出到"一带一路"高质量发展建设过程中，引领规范对外投资行为，抑制浪费资源、污染环境、破坏生态的"黑色投资"，帮助金融机构和企业通过更好的环境管理措施，改善环境影响。

在政策人才平台保障上

推进环评法修订及配套法规完善，形成跨专业跨领域专家、管理者、技术人员等人才队伍（专栏 6-3），推动环评工作与云计算、人工智能、区块链等新技术产业融合，以完善的法规政策、专业的人才队伍、智慧高效的业务平台为环评发展保驾护航、赋能增效。

专栏 6-3　人才：环评工程师应具备的素质

环境影响评价是实践科学，与实际联系密切，其工作技术性强、涉及知识面广且责任重大，对从业人员的专业能力和职业素养具有较高门槛和要求。环评从业人员代替无声的自然环境发声，需要抱有敬畏与热爱，需要拥有一种致力于自然更融洽、世界更美好的情怀，始终将对生物物理环境的保护和资源的长期可持续利用，以及对经济社会环境中人的福利，健康和安全放在首位的情怀，以负责任的态度、扎实的专业能力，发出有价值的声音，保持这样的情怀难能可贵，付诸行动更难能可贵。想成为一名优秀的环评工程师需要具备以下素质：

第一，充分理解环评本质，秉持可持续发展、生态文明理念；

第二，动态补充、更新并熟悉环境保护相关法律法规标准要求；

第三，动态补充、更新并掌握各行业领域的关键环保专业技术；

第四，熟悉环境影响评价导则、指南的技术方法和适用范围；

第五，熟悉环境影响评价的工作流程和相关审批等程序要求；

第六，具备与建设方、设计方同频交流、对话的知识能力；

第七，也是最重要的一点，要敢于"亮剑"，对有严重不可逆生态环境影响和风险的、有明显问题的建设活动，坚决提出反对意见，扭转部门和企业的歪曲政绩观、发展观，推动部门和企业走上绿色发展之路。

结　语

　　西方有句谚语：与其雾里看花，不如庭前赏花。为解决中国自己的环境问题，半个世纪以来，中国环境影响评价从过去的"立足中国，借鉴国外"的"学习者"变成了"创造条件，把握当代"的"探索者"。"疾风知劲草，板荡识诚臣。"在经济社会发展的滚滚洪流中能够发挥作用且被广泛认可并最终沉淀下来的制度，是真正的"劲草"。历史实践表明，环评是守住绿水青山的第一道防线，诸多成效证明了预防为主的道路正确，环评制度应坚定不移地贯彻下去。作为我国协调经济发展与环境保护之间的关键纽带，冲在经济社会发展最前线，在调整产业结构、控制产业规模、优化经济增长、推动节能减排、改善环境质量等方面继续发挥作用。

　　岁序常易，华章日新。站在实现"两个一百年"的历史交汇点，在新形势、新阶段、新需求下创建中国发展新模式过程中，环境影响评价能够发挥什么作用？要怎么做才能发挥这个作用？充满了机遇与挑战。从某种意义上说，环评1.0与环评2.0时代都是环评的"基础版本"。制度的房子建立起来了，但功能尚未齐全，运转不够灵活，内生动力缺乏，甚至缺门少窗。局部的问题和一时的不足不应是用来否定改革的借口，这些都是"成长的烦恼"。环评3.0时代，"守本固元"与"守正创新"同样重要，继承中的发展，改革中的扬弃也同样重要；什么应该"革除"，什么应该"完善"，需心中有数。中国环境影响评价未来该如何发展，凡是有利于制度完善的，我们都应沉下心来，夯实基础，积极探索，加强研究；凡是制约制度成效的，就要努力找到问题症结，分类施策、"精准拆弹"，切实提高环评协同推进高质量发展和高水平保护的能力。

"但存方寸地，留与子孙耕。"生态文明建设是关系中华民族永续发展的根本大计。随着习近平生态文明思想落地生根，对发展与保护之间的关系的理解，对发展带来的影响的理解日益深入，越来越多的人会发现环评既不是经济发展的"绊脚石"，也不是"拦路虎"，而是经济社会发展的服务者、生态环境质量的守护者。习近平总书记指出："对重大经济政策和产业布局开展规划环评，优化国土空间开发布局，调整区域流域产业布局。"中国的高质量发展离不开环评这个"利器"，中国的环保事业也需要环评人冲锋在前。未来，环评任重而道远。前进的道路上还会面临很多的困难和挑战，还有很多"硬骨头"要啃，在以往已经取得的成就基础上，环评必须在生态文明建设中继续充当好"排头兵""特战队"，为国家高质量发展筑牢"防护线"，推动从"要我环评"转向"我要环评"，形成"决策科学、执行有力、良性互动"的局面。在新时期让环评焕发新的生命活力，不断创新成为"心怀人类，面向未来"的"引领者"，讲好中国环评故事，参与全球环境治理。将环评作为政策对接工具，向外输出到"一带一路"倡议过程中，把绿色作为底色，规范企业对外投资行为，避免"污染再转嫁"，为发展中国家环境保护提供中国范式，为构建人类命运共同体贡献中国力量！

参 考 文 献

[1] ALTERMAN R,PAGE J E.The ubiquity of values and the planning process[J].Plan Canada,1973,13(1):13-26.

[2] BARON J S,JOYCE L A,GRIFFITH B,et al.Preliminary review of adaptation options for climate-sensitive ecosystems and resources (Sap 4.4)[R].U.S. Climate Change Science Program,2008.

[3] BAUMGART S,HARTLIK J,MACHTOLF M.Improving the consideration of human health in environmental planning and decision-making - perspectives from Germany[J].Impact Assessment and Project Appraisal,2018,36(1/2):57-67.

[4] BEATTIE R B.Everything you already know about EIA (but don't often admit)[J].Environmental Impact Assessment Review,1995,15(2):109-114.

[5] BIRLEY M H.The health impact assessment of development projects[M].New Delhi:Winshield Press,1995.

[6] BREHENY M J.A practical view of planning theory [J].Environment and Planning B:Planning and Design,1983,10(1):101-105.

[7] BRUNDTLAND COMMISSION.Our Common Future[M].Oxford:Oxford University Press,1987.

[8] CAMBRIS M.Planning theory and philosophy[M].London:Tavistock Publications,1979.

[9] CANTER L,ATKINSON S.Cumulative Effects Assessment[EB/OL].New York:U.S. Environmental Protection Agency,(1999-08)[2022-07-26].https://nepis.epa.gov/Exe/ZyPDF.cgi/9101ULA8.PDF?Dockey=9101ULA8.PDF.

[10] CASHMORE M.The role of science in environmental impact assessment: process and procedure versus purpose in the development of theory[J].Environmental Impact Assessment Review,2004(24):403-426.

[11] CASHMORE M.The role of science in environmental impact assessment:process and procedure versus purpose in the development of theory[J].Environmental Impact Assessment Review,2004(24):403-426.

[12] CHEN A Z,Lu L,YANG Y,et al.Theory and practice of the EIA consultation information platform[C].Florence:Firenze Fiera Congress & Exhibition Center,2015.

[13] CHEN C M,SONG M.Visualizing a field of research:a methodology of systematic scientometric reviews[J].PLoS One,2019,14(10):e0223994.

[14] CLARK B D.Improving public participation in environmental impact assessment[J].Built Environment,1994,20(4):294-308.

[15] DALFELT A,NAESS L O, 1997. Climate change and environmental assessments:issues in an African perspective[R/OL].(2019-08-18)[2022-07-23].https://www.researchgate.net/publication/242190818_Climate_Change_and_Environmental_Assessments_Issues_in_an_African_Perspective.

[16] ENVIRONMENTAL ASSESSMENT TEAM, 2010. Consideration of climatic factors within strategic environmental assessment (SEA)[EB/OL]. The Scottish Government.(2010-3-19)[2022-07-23].https://www.gov.scot/publications/consideration-climatic-factors-within-strategic-environmental-assessment-sea/.

[17] ENVIRONMENTAL PROTECTION AGENCY, 2019. Integrating climatic factors into the strategic environmental assessment process in Ireland:a guidance note[EB/OL].(2019-06)[2022-07-23].https://www.epa.ie/publications/monitoring—assessment/assessment/strategic-environmental-assessment/EPA-SEA-Climatic-Factors-Guidance-Note.pdf.

[18] EUROPEAN COMMISSION.Guidance on integrating climate change and biodiversity into strategic environmental assessment.(2013)[2022-02-09].https://ec.europa.eu/environment/eia/pdf/SEA%20Guidance.pdf.

[19] FERRÉF, HARTEL P.Ethics and environmental policy:theory meets practice[M].Georgia:University of Georgia Press, 1994.

[20] GOLDFUSS C, 2016.Final guidance for federal departments and agencies on consideration of greenhouse gas emissions and the effects of climate change in national environmental policy act reviews[EB/OL].(2016-08)[2022-02-09].https://obamawhitehouse.archives.gov/sites/whitehouse.gov/files/documents/nepa_final_ghg_guidance.pdf.

[21] HE J S.On the core essence of engineering management theory[J]. 工程管理前沿（英文版）, 2014, 001(3):260-269.

[22] INTERNATIONAL ASSOCIATION FOR IMPACT ASSESSMENT.The state of digital impact assessment practice[Z/OL].(2021-12-08)[2022-07-23].https://iaia.org/webinar-details.php?ID=38.

[23] JIRICKA-PÜRRER A,WACHTER T.Coping with climate change related conflicts - the first framework to identify and tackle these emerging topics[J].Environmental Impact Assessment Review,2019,79:1-14.

[24] KLOSTERMAN R E.A public interest criterion[J].Journal of the American Planning Association,1980,46(3):323-340.

[25] KØRNØV L,BYER P,CESTTI R,et al.Climate Change in impact assessment-international best practice principle special publication series No.8[R].North Dakota:International Association for Impact Assessment,2012:1-4.

[26] KUITUNEN M,JALAVA K,HIRVONEN K.Testing the usability of the Rapid Impact Assessment Matrix (RIAM) method for comparison of EIA and SEA results[J].Environmental Impact Assessment Review,2008,28(4/5):312-320.

[27] LARSEN S V,KØRNØV L,WEJS A.Mind the gap in SEA:an institutional perspective on why the assessment of synergies in climate change mitigation,adaptation and other policy areas are missing[J]. Environmental Impact Assessment Review,2012,33:32-40.

[28] LAWRENCE D P.The need for EIA theory-building[J]. Environmental Impact Assessment Review,1997,17:79-107.

[29] MANYIKA J,CHUI M,BROWN B,et al.Big data:the next forntier for innovation,competition,and productivity[EB/OL].McKinsey Global Institute. (2011-05).[2022-07-29].https://www.mckinsey.com/~/media/mckinsey/ business%20functions/mckinsey%20digital/our%20insights/big%20 data%20the%20next%20frontier%20for%20innovation/mgi_big_data_ exec_summary.pdf.

[30] MOSER S C,BOYKOFF M T.Successful adaptation to climate

change linking science and policy in a rapidly changing world[M]. Oxfordshire:Routledge and CRC Press,2013.

[31] OHSAWA T,DUINKER P.Climate-change mitigation in Canadian environmental impact assessments[J].Impact Assessment and Project Appraisal,2014,32(3):222-233.

[32] ORGANISATION FOR ECONOMIC CO-OPERATION AND DEVELOPMENT (OECD).Strategic environmental assessment and adaptation to climate change[EB/OL].(2010-10)[2022-02-09].http:// content-ext.undp.org/aplaws_publications/1769217/SEA%20and%20 Adaptation%20to%20CC%20full%20version.pdf.

[33] PATRICK W.Consideration of climate change in federal EISs,2009- 2011[R].New York:Center for Climate Change Law Columbia Law School,2012,1-43.

[34] PETTS J.Environment impact assessment:process, methods and potential[M].Oxford:Blackwell,1999.

[35] POSAS P J.Climate change in development bank country environmental analyses[J].Journal of Environmental Assessment Policy and Management,2011,13(3):459-481.

[36] PRÜSS-ÜSTÜN A,CORVALÁN C.Preventing disease through healthy environments:towards an estimate of the environmental burden of disease[M].France:World Health Organization,2006.

[37] SCOTIA N.Environment. guide to considering climate change in environmental assessments in Nova Scotia[EB/OL].(2011-02)[2022-02- 10].https://www.novascotia.ca/nse/ea/docs/EA.Climate.Change.Guide.pdf.

[38] THE FEDERAL-PROVINCIAL-TERRITORIAL COMMITTEE

ON CLIMATE CHANGE AND ENVIRONMENTAL ASSESSMENT. Incorporating climate change considerations in environmental assessment:general guidance for practitioners[EB/OL].(2003-11)[2022-02-09].https://web.law.columbia.edu/sites/default/files/microsites/climate-change/canada_guidance_2003.pdf.

[39] THE SCOTTISH GOVERNMENT.Consideration of Climatic Factors within Strategic Environmental Assessment (SEA)[EB/OL].(2010-03-19) [2022-07-23].https://www.gov.scot/publications/consideration-climatic-factors-within-strategic-environmental-assessment-sea/pages/10/.

[40] UNITED NATIONS ECONOMIC COMMISSION FOR EUROPE. Gothenburg Protocol[EB/OL].[2022-07-24].https://unece.org/gothenburg-protocol.

[41] WENDE W,BOND A,BOBYLEV N,et al.Climate change mitigation and adaptation in strategic environmental assessment[J].Environmental Impact Assessment Review,2012,32:88-93.

[42] WORLD HEALTH ORGANIZATION & GOVERNMENT OF SOUTH AUSTRALIA.Adelaide statement on health in all policies:moving towards a shared governance for health and well-being[EB/OL].Adelaide:World Health Organization.(2010-04)[2022-07-24].https://apps.who.int/iris/handle/10665/44365.

[43] WORLD HEALTH ORGANIZATION.Constitution of the world health organization[EB/OL].New York:World Health Organization.[2022-07-23]. https://treaties.un.org/doc/Treaties/1948/04/19480407%2010-51%20 PM/Ch_IX_01p.pdf.

[44] WORLD HEALTH ORGANIZATION.Declaration of Alma-Ata[EB/OL]. (1978-09)[2022-07-23].https://cdn.who.int/media/docs/default-source/

documents/almaata-declaration-en.pdf?sfvrsn=7b3c2167_2.

[45] WORLD HEALTH ORGANIZATION.Determinants of health[EB/OL].
(2017-02-03)[2022-07-23].https://www.who.int/news-room/questions-
and-answers/item/determinants-of-health.

[46] ZANASSO M.Smart monitoring for a smart city. Environmental
monitoring using internet of things (IoT) and blockchain: key solutions for an
efficient work execution and an improved environmental communication[Z/
OL].[2022-07-23].https://conferences.iaia.org/2021/edited-papers/930_
Zanasso_Smart%20Monitoring%20for%20a.pdf.

[47] 包存宽,许艺嘉,王珏.关于新时期环境影响评价"放管服"改革的思考[J].
环境保护,2018,46(9):7-11.

[48] 包存宽.环境影响评价制度改革应着力回归环评本质[J].中国环境管
理,2015,7(3):33-39.

[49] 包存宽.十字路口的规划环评往哪走?[EB/OL].北京:北极星固废网.
(2015-09-18)[2022-07-24].https://huanbao.bjx.com.cn/news/20150918/
665182.shtml.

[50] 边永民,彭宾.湄公河流域国家环境影响评价法对中国投资的影响[J].云南
师范大学学报(哲学社会科学版),2016,48(6):73-81.

[51] 蔡守秋.论健全环境影响评价法律制度的几个问题[J].环境污染与防
治,2009,31(12):12-17.

[52] 蔡玉梅,谢俊奇,杜官印,等.规划导向的土地利用规划环境影响评价方法[J].
中国土地科学,2005,19(2):3-8.

[53] 曹凤中,张辉.环保风暴留下哪些经验?[J].环境保护,2010,7:27-28.

[54] 陈欢.温室气体核算体系:企业核算与报告标准(修订版)[M/OL].北京:
经济科学出版社,(2012-04)[2022-07-24].https://ghgprotocol.org/sites/

default/files/standards/Chinese_small.pdf.

[55] 陈静，林逢春 . 国际企业环境绩效评估指标体系与我国相关法规相容性分析
[J]. 环境保护，2004，11：58-61.

[56] 陈一远 . 制度的有效性及其影响因素研究 [D]. 济南：山东大学，2016.

[57] 陈悦，陈超美，刘则渊，等 . CiteSpace 知识图谱的方法论功能 [J]. 科学学研
究，2015，33（2）：242-253.

[58] 陈跃，程胜高 .2007"环评风暴"及几点思考 [J]. 黄石理工学院学
报，2008，1：30-34.

[59] 陈真亮 . 自然保护地制度体系的历史演进、优化思路及治理转型 [J]. 甘肃政
法大学学报，2021，3：36-47.

[60] 程红光，王琳，郝芳华 . 将健康风险纳入环评可行性分析 [J]. 环境影响评
价，2014，1：22-25.

[61] 仇昕昕，许明珠，张慧玲，等 . 国家级产业园区规划环评成效、存在问题及
对策建议 [J/OL]. 环境工程技术学报：1-9（2022-07-13）[2022-08-01].http://
kns.cnki.net/kcms/detail/11.5972.X.20220712.1556.002.html.

[62] 德内拉·梅多斯，乔根·兰德斯，丹尼斯·梅多斯 . 增长的极限 [M]. 李涛，
王智勇，译 . 北京：机械工业出版社，2022.

[63] 翟文康，邱一鸣 . 政策如何塑造政治？——政策反馈理论述评 [J]. 中国行政管
理，2022，3：39-49.

[64] 丁峰，赵晓宏，赵越，等 . 基于互联网的环境影响评价数据共享与应用 [J]. 环
境影响评价，2016，38（1）：10-13.

[65] 杜健勋，廖彩舜 . 环评告知承诺制的制度检视与法治约束 [J]. 天津行政学院
学报，2021，23（3）：85-95.

[66] 杜宣逸 . 从生物多样性保护认识生态文明——访魏辅文院士 [N/OL]. 中

国环境报,(2021-06-25)[2022-07-23].http://epaper.cenews.com.cn/html/2021-06/25/content_67290.htm.

[67] 方创琳,王振波,刘海猛.美丽中国建设的理论基础与评估方案探索[J].地理学报,2019,74(4):619-632.

[68] 弗雷德里克·泰勒.科学管理原理[M].马风才,译.北京:机械工业出版社,2021.

[69] 傅伯杰,于丹丹,吕楠.中国生物多样性与生态系统服务评估指标体系[J].生态学报,2017,37(2):341-348.

[70] 傅佳丽,李小梅,王菲凤,等.基于RIAM方法对城市道路拓建的环境影响评价[J].福建师范大学学报(自然科学版),2015,31(5):83-90.

[71] 高宇波,刘静.基于系统工程学理论的可持续住宅评价体系构建[J].系统科学学报,2014,22(3):87-89.

[72] 耿海清,任景明.决策环境风险评估的重点领域及实施建议[J].中国人口·资源与环境,2012,22(11):40-44.

[73] 耿海清.决策中的环境考量——制度与实践[M].北京:中国环境科学出版社,2017.

[74] 观察者网.500只绿孔雀逼停10亿水电项目?案件双方均上诉,环评留隐患[EB/OL].(2014-04-11)[2022-07-22].https://m.guancha.cn/politics/2020_05_09_549740.shtml?s=wapzwyxgtjbt.

[75] 国家环境保护总局.HJ/T 130—2003规划环境影响评价技术导则(试行)(已废止)[S].北京:中国环境科学出版社,2003.

[76] 国家环境保护总局环境工程评估中心.建设项目环境影响技术评估指南(试行)[S].北京:中国环境科学出版社,2003.

[77] 何纪力.实施《环境影响评价法》促进江西可持续发展[N].江西日报,2003-09-01.

[78] 何继善,陈晓红,洪开荣.论工程管理 [J].中国工程科学,2005,10:5-10.

[79] 贺利坚,黄厚宽.一种基于灰色系统理论的分布式信任模型 [J].北京交通大学学报,2011,35(3):26-32.

[80] 贺楠,李小敏,海热提.规划环境影响界定的方法与实例研究 [J].环境污染与防治,2008,30(2):72-76.

[81] 赫尔曼·哈肯.协同学:大自然构成的奥秘 [M].上海:上海译文出版社,1998.

[82] 环境保护部.规划环境影响评价技术导则 总纲:HJ 130—2014[S].北京:中国环境科学出版社,2014.

[83] 环境保护部.环境影响评价技术导则 总纲:HJ 2.1—2011 [S].北京:中国环境科学出版社,2011.

[84] 环境保护部.建设项目环境影响技术评估导则:HJ 616—2011[S].北京:中国环境科学出版社,2011.

[85] 环境保护部环境工程评估中心,国家环境保护环境影响评价数值模拟重点实验室.环境影响评价基础数据库建设指南 [M].北京:中国环境科学出版社,2015.

[86] 黄承梁.从生态文明视角看中国式现代化道路和人类文明新形态 [J].党的文献,2022,1:20-27.

[87] 黄群慧.新中国管理学研究 70 年 [M].北京:中国社会科学出版社,2020.

[88] 黄蕊,李巍,韩宇.基于典型案例的流域规划环评管理成效评估 [J].中国环境科学,2021,41(7):3409-3417.

[89] 黄思棉,张燕华.国内协同治理理论文献综述 [J].武汉冶金管理干部学院学报,2015,25(3):3-6.

[90] 黄锡生,韩英夫.环评区域限批制度的双阶构造及其立法完善 [J].法律科学(西北政法大学学报),2016,34(6):138-149.

[91] 贾龙,葛茂发,徐永福,等.大气臭氧化学研究进展[J].化学进展,2006,11:1565-1574.

[92] 姜昀,陈帆,黄丽华,等.规划环评中人群健康影响评价推进建议[J].环境影响评价,2018,40(3):27-29.

[93] 蒋志刚,江建平,王跃招,等.国家濒危物种红色名录的生物多样性保护意义[J].生物多样性,2020,28:558-565.

[94] 蒋志刚,李立立,罗振华,等.通过红色名录评估研究中国哺乳动物受威胁现状及其原因[J].生物多样性,2016,24:552-567.

[95] 解明阳,陈新军.基于文献计量学的灰色系统理论在渔业科学中的应用研究进展[J].海洋湖沼通报,2019,5:117-126.

[96] 金自宁.我国环评否决制之法理思考[J].中国地质大学学报(社会科学版),2019,19(2):11-22.

[97] 金自宁.中国环境风险规制的法理与方法:以环评为中心的考察[M].北京:北京大学出版社,2022.

[98] 井新,贺金生.生物多样性与生态系统多功能性和多服务性的关系:回顾与展望[J].植物生态学报,2021,45(10):1094-1111.

[99] 李海生,李小敏,赵玉婷,等.基于文献计量分析的近40年国内外环境影响评价研究进展[J].环境科学研究,2022,35(5):1091-1101.

[100] 李海生,王丽婧,张泽乾,等.长江生态环境协同治理的理论思考与实践[J].环境工程技术学报,2021,11(3):409-417.

[101] 李海生.脚踏人间正道,何惧世事沧桑[EB/OL].北京:环境影响评价网,(2022-04-15)[2022-07-29].http://www.china-eia.com/wyhpgs/rxwz/202204/t20220415_974797.shtml.

[102] 李海生.十年磨一剑,二十年再创辉煌:在改革开放伟大进程中诞生发展的环境评估事业[C].北京:中国环境科学出版社,2012.

[103] 李海生.树立和落实科学发展观,做好环境影响评价技术评估工作[N].

[104] 李海生.提高环评有效性 促进经济转型升级[C].北京:中华环保联合会,2013.

[105] 李辉,任晓春.善治视野下的协同治理研究[J].科学与管理,2010,30(6):55-58.

[106] 李菁,骆有庆,石娟.生物多样性研究现状与保护[J].世界林业研究,2011,24(3):26-31.

[107] 李俊峰.做好碳达峰碳中和工作,迎接低排放发展的新时代[J].财经智库,2021,6(4):67-87.

[108] 李绅豪,龚晶晶,恽晓雪,等.基于利益相关方分析法的规划环评公众参与研究[J].环境污染与防治,2008,2:68-71.

[109] 李天威,李元实.加强"十三五"环境影响技术评估[EB/OL].中国环境报,(2017-02-21)[2022-07-24].https://www.chndaqi.com/news/254064.html.

[110] 李天威,赵立腾,徐鹤,等.五大区重点产业发展战略环境评价有效性研究[J].未来与发展,2015,39(11):44-49.

[111] 李巍,杨志峰.重大经济政策环境影响评价初探——中国汽车产业政策环境影响评价[J].中国环境科学,2000,2:114-118.

[112] 梁丽,张学福,周密.基于政策反馈理论的智库评价模型构建研究[J].情报杂志,2021,40(8):201-207.

[113] 梁鹏,戴文楠,孔令辉,等.环境影响评价改革的重要技术支撑——导则体系重构[J].环境保护,2016,44(22):11-15.

[114] 梁小云,顾林妮,张秀兰,等.国际健康影响评价的制度建设:从政策到法律[J].中国卫生政策研究,2019,12(9):31-35.

[115] 刘海鸥,张风春,赵富伟,等.从《生物多样性公约》资金机制战略目标变

迁解析生物多样性热点问题 [J]. 生物多样性 ,2020,28(2):244-252.

[116] 刘慧芳 . 我国稀土资源管理中国内利益相关方博弈分析 [J]. 财贸经济 ,2013,1:104-109.

[117] 刘静波 . 能否执行好环评法考验执政能力 [N/OL]. 中国环境报 ,(2008-06-25)[2022-07-26].http://www.npc.gov.cn/zgrdw/npc/zfjc/hpjc/2008-10/22/content_1454076.htm.

[118] 刘娟 . 战略环境影响评价方法研究及实例分析 [D]. 长春 : 吉林大学 ,2004.

[119] 刘磊 . 快速环境影响评价模式与方法——以城市发展为例 [J]. 城市规划学刊 ,2009,1:98-102.

[120] 刘杨 . 武汉城市圈农村工业化对生态环境影响评价研究 [D]. 武汉 : 中国地质大学 ,2011.

[121] 刘毅 , 陈吉宁 , 何炜琪 . 城市总体规划环境影响评价方法 [J]. 环境科学学报 ,2008,28(6):1249-1255.

[122] 刘毅 , 寇江泽 , 李红梅 , 等 . 调整能源结构　加快转型升级 [N]. 人民日报 ,2022-03-27(001).

[123] 马卫东 , 潘峰 , 仝纪龙 , 等 . 工业园区规划环评中的温室气体评价 [J]. 环境工程 ,2013,31(6):142-146.

[124] 毛文永 , 李海生 , 姜华 . 生态文明建设之路 [M]. 北京 : 中国环境出版集团 ,2021.

[125] 毛文永 . 踏遍青山人未老 [EB/OL]. 北京 : 环境影响评价网 ,(2022-05-13)[2022-07-29].http://www.china-eia.com/wyhpgs/rxwz/202205/t20220513_982027.shtml.

[126] 毛显强 , 李向前 , 涂莹燕 , 等 . 农业贸易政策环境影响评价的案例研究 [J]. 中国人口·资源与环境 ,2005,6:40-45.

[127] 木铎社. 云南绿孔雀案宣判，立即停止水电站建设 [EB/OL].(2020-03-20) [2022-07-22].https://www.163.com/dy/article/F86GAQ200514A14K.html.

[128] 倪珊，何佳，牛冬杰，等. 生态文明建设中不同行为主体的目标指标体系构建 [J]. 环境污染与防治，2013,35(1):100-105.

[129] 倪伟. 关于环评报告技术评估的研究 [J]. 皮革制作与环保科技,2021,2(4):104-105.

[130] 欧盟委员会. 根据关于工业排放的《第2010/75/EU号指令》，确定废物焚烧的最佳可行技术 (BAT) 结论 [EB/OL].(2019-11-12)[2022-07-24].https:// eippcb.jrc.ec.europa.eu/sites/default/files/inline-files/WI_Chinese_ENV-2021-00871-00-00-ZH-TRA-00.pdf.

[131] 欧阳志云，徐卫华，肖燊，等. 中国生态系统格局、质量、服务与演变 [M]. 北京：科学出版社,2017.

[132] 梁鹏，赵晓宏，陈爱忠，等. 国家环评基础数据库发展现状、问题与建议 [C]. 厦门：中国环境科学学会,2017.

[133] 潘岳. 全力推进规划环评 为历史性转变做出更大的贡献 [J]. 环境保护,2006,23:7-11.

[134] 彭应登，王华东. 累积影响研究及其意义 [J]. 环境科学,1997,1:87-89.

[135] 彭应登，杨明珍. 区域开发环境影响累积的特征与过程浅析 [J]. 环境保护,2001,3:22-23.

[136] 钱学森，于景元，戴汝为. 一个科学新领域——开放的复杂巨系统及其方法论 [J]. 自然杂志,1990,1:3-10.

[137] 邱怡慧，苏时鹏. 集体林权制度改革环境影响评价方法学分析 [J]. 林业资源管理,2017,6:20-26.

[138] 曲格平. 环境影响评价在经济建设中的地位与作用[J]. 环境保护,1983,7:5-7.

[139] 曲格平 . 加快转变　尽快走出生态困境 [J]. 环境保护 ,2006,11:13- 17.

[140] 曲格平 . 美丽中国梦——我的环保人生 [M]. 北京 : 中国青年出版社 ,2020.

[141] 曲格平 . 中国环保事业的回顾与展望 [J]. 中国环境管理干部学院学报 ,1999,3:1- 6.

[142] 任海 , 刘庆 , 李凌浩 , 等 . 恢复生态学导论 (第三版)[M]. 北京 : 科学出版社 ,2019.

[143] 任景明 , 耿海清 . 环评制度需要一场全面革新——制约我国环境影响评价有效性的主要障碍及对策 [J]. 环境保护 ,2013,41(17):27- 29.

[144] 任景明 , 喻元秀 , 王如松 . 中国农业政策环境影响初步分析 [J]. 中国农学通报 ,2009,25 (15):223- 229.

[145] 阮丽娟 . 环境影响评价审批的司法审查研究 [M]. 北京 : 中国政法大学出版社 ,2020.

[146] 阮丽娟 . 行政权理论变迁视域下环评审批司法审查之重构 [J]. 湘潭大学学报 (哲学社会科学版),2016,40(2):64- 67.

[147] 沈满洪 , 郅玉玲 , 彭熠 , 等 . 生态文明制度建设研究 [M]. 北京 : 中国环境科学出版社 ,2017.

[148] 生态环境部 . 规划环境影响评价技术导则　总纲 :HJ 130—2019 [S]. 北京 : 生态环境部 ,2019.

[149] 生态环境部环境工程评估中心 . 2020 年度水电行业环境评估报告 [EB/OL]. 北京 : 生态环境部环境工程评估中心微信公众号 ,(2021- 02- 08)[2022- 07- 23]. https://mp.weixin.qq.com/s/x 7BAffKyxX 2whAsMHlaz-g.

[150] 生态环境部环境工程评估中心 . 2020 年铁路行业环境评估报告 [EB/OL]. 北京 : 生态环境部环境工程评估中心微信公众号 ,(2021- 10- 28)[2022- 07- 23]. https://mp.weixin.qq.com/s/E 85bAhp-XDsBwgjeeuBVYg.

[151] 盛来运. 我国高质量发展确立新趋势 [J]. 现代企业,2018,8:5-6.

[152] 石方军. 中国"癌症村"的产生原因与治理现状研究 [J]. 中国卫生事业管理,2019,36(11):877-880.

[153] 石晓枫,郭爱文. 污染型建设项目环境影响评价中的工程分析 [J]. 环境科学与技术,2004,27(2):56-57.

[154] 时元皓,白紫微. 实现经济发展和环境治理双赢 [N]. 人民日报,2022-06-03(003).

[155] 史宇晖,范欣颐,云青萍,等. 国外健康影响评价研究进展 [J]. 中国健康教育,2018,34(6):550-552.

[156] 孙秀艳. 为全球气候治理贡献中国智慧 [N]. 人民日报,2021-10-29(003).

[157] 孙佑海. 创新战略环评制度 推进生态文明建设 [J]. 环境影响评价,2013,5:25-28.

[158] 孙佑海,2008. 制定环境影响评价法的必要性和可行性 [EB/OL].(2008-08-06)[2022-07-22].http://www.npc.gov.cn/zgrdw/npc/zfjc/hpjc/2008-08/06/content_1441198.htm.

[159] 汪劲. 从中外比较看我国项目环评制度的改革方向 [J]. 环境保护,2012(22):71-73.

[160] 汪劲. 中外环境影响评价制度比较研究 [M]. 北京:北京大学出版社,2006.

[161] 汪涛,张志远. 国内外政策协调研究热点与趋势:基于 CiteSpace V 的可视化分析 [J]. 技术经济,2021,40(7):53-62.

[162] 王红卫,孙长银,沈轶,等. 系统科学与系统工程学科发展战略研究 [J]. 中国科学基金,2009,23(2):70-77.

[163] 王会芝. 中国战略环境评价的有效性研究 [D]. 天津:南开大学,2013.

[164] 王玲. 国家环保总局掀"环评风暴"——访国家环保总局副局长潘岳 [N].

经济日报,2005-01-21(014).

[165] 王婷婷.上海海洋产业发展现状与结构优化——基于灰色系统理论的分析 [J].农业现代化研究,2012,33(2):145-149.

[166] 王伟,张海洋.协同治理:我国社会治理体制创新的理论参照[J].理论导 刊,2016,12:9-13.

[167] 王曦.论美国《国家环境政策法》对完善我国环境法制的启示[J].现代法 学,2009,31(4):177-186.

[168] 王亚男.中国环评制度的发展历程及展望[J].中国环境管理,2015,7(2):12- 16.

[169] 韦洪莲,倪晋仁.面向生态的西部开发政策环境影响评价[J].中国人口·资 源与环境,2001,4:22-25.

[170] 文梅.公益诉讼为野生动物保护撑腰:云南绿孔雀案二审维持原判,要求被 诉工程"立即停止"建设[EB/OL].华夏时报,(2021-01-13)[2022-07-22]. https://baijiahao.baidu.com/s?id=1688762538722431984&wfr=spider&for= pc.

[171] 吴建国,罗建武,李俊生,等.加强生物多样性保护助力碳达峰[EB/OL]. 中国环境报,(2021-02-19)[2022-07-23].http://www.xinhuanet.com/ energy/2021-02/19/c_1127113185.htm.

[172] 吴良志.论预防性环境行政公益诉讼的制度确立与规则建构[J].江汉学 术,2021,40(1):15-23.

[173] 吴文俊,卢亚灵,蒋洪强,等.环境规划法规模型遴选及标准化应用技术指 南[M].北京:中国环境科学出版社,2017.

[174] 吴学安.对环评造假必须零容忍[EB/OL].中国质量报,(2020-08- 03)[2022-07-23].https://m.cqn.com.cn/zgzlb/content/2020-08/03/ content_8621736.htm.

[175] 吴玉萍,胡涛,毛显强,等.贸易政策环境影响评价方法论初探 [J]. 环境与可持续发展,2011,36(3):35-40.

[176] 武建勇,薛达元,王爱华,等.生物多样性重要区域识别——国外案例、国内研究进展 [J]. 生态学报,2016,36(10):3108-3114.

[177] 谢慧.九万里风鹏正举 踏征途初心未改 [EB/OL]. 北京:环境影响评价网,(2022-05-20)[2022-07-23].http://www.china-eia.com/wyhpgs/rxwz/202205/t20220520_982689.shtml.

[178] 新华社.中共中央办公厅 国务院办公厅印发《关于进一步加强生物多样性保护的意见》[EB/OL].(2021-10-19)[2022-07-23].https://www.mee.gov.cn/zcwj/zyygwj/202110/t20211019_957149.shtml.

[179] 新华网.环保部副部长潘岳再提分管环评 曾掀"环评风暴"[EB/OL]. 北京:中国日报中文网,(2015-09-03)[2022-07-23].https://cnews.chinadaily.com.cn/lszg/2015-09/03/content_21782369.htm.

[180] 修光利,吴应,王芳芳,等.我国固定源挥发性有机物污染管控的现状与挑战 [J]. 环境科学研究,2020,33(9):2048-2060.

[181] 徐鹤,朱坦,吴婧.天津市污水资源化政策的战略环境评价 [J]. 上海环境科学,2003,22(4):241-290.

[182] 徐振强,侯可斌.建设项目环境影响评价的科学认识与价值判断——自然科学性与人文社会性的复合 [J]. 科技促进发展,2013,4:48-56.

[183] 薛继斌.中国环境影响评价立法与战略环境评价制度 [J]. 学术研究,2007,9:105-110.

[184] 杨锐,彭钦一,曹越,等.中国生物多样性保护的变革性转变及路径 [J]. 生物多样性,2019,27(9):1032-1040.

[185] 于书霞,尚金城,郭怀成.基于生态价值核算的土地利用政策环境评价 [J]. 地理科学,2004,6:727-732.

[186] 于云江，张颖，车飞，等 . 环境污染的健康风险评价及其应用 [J]. 环境与职业医学 ,2011,28(5):309-313.

[187] 余剑锋，陈帆，詹存卫 . 城市总体规划环评和城市环境总体规划关系辨析 [J]. 环境保护 ,2014,42(24):45-48.

[188] 张风春，刘文慧，李俊生 . 中国生物多样性主流化现状与对策 [J]. 环境与可持续发展 ,2015,40(2):13-18.

[189] 张虎成，闫海鱼，杨桃萍，等 . 累积环境影响评价理论体系及其发展趋势 [J]. 贵州水力发电 ,2008,22(6):18-21.

[190] 张晖 . 可持续发展观与中国环境影响评价的发展方向研究 [D]. 北京 : 北京大学 ,2003.

[191] 张辉，胡腾 . 澜湄流域国家环境影响评价协同机制研究 [J]. 经济与社会发展 ,2019,17(1):19-25.

[192] 张庆彩 . 当代中国环境法治的演进及趋势研究 [D]. 南京 : 南京大学 ,2010.

[193] 张文明，张孝德 . 生态资源资本化 : 一个框架性阐述 [J]. 改革 ,2019,1:122-131.

[194] 张勇，杨凯，王云，等 . 环境影响评价有效性的评估研究 [J]. 中国环境科学 ,2002,22(4):324-328.

[195] 张征 . 环境评价学 [M]. 北京 : 高等教育出版社 ,2004.

[196] 赵苗苗，赵师成，张丽云，等 . 大数据在生态环境领域的应用进展与展望 [J]. 应用生态学报 ,2017,28(5):1727-1734.

[197] 赵晓宏 . 环评智能校核系统建设 [EB/OL]. 北京 : 环境影响评价网 ,(2022-04-26)[2022-07-29].http://www.china-eia.com/wyhpgs/rxwz/202204/t20220426_976128.shtml.

[198] 郑建君，马璇，刘丝嘉 . 公共服务参与会增加个体的获得感吗 ?——基于政

府透明度与信任的调节作用分析 [J]. 公共行政评论 ,2022,15(2):42-59.

[199] 郑欣璐 ,包存宽 . 环评改革应着力于提高有效性——《"十三五"环境影响评价改革实施方案》评析 [J]. 中国生态文明 ,2016,5:33-35.

[200] 中国人大网 .《环境影响评价法"草案"》提请审议 [EB/OL].(2008-08-12)[2022-07-22].http://www.npc.gov.cn/zgrdw/npc/zfjc/hpjc/2008-08/12/content_1442071.htm.

[201] 中国水电顾问集团昆明勘测设计研究院有限公司 . 云南省红河（元江）干流戛洒江一级水电站 [R/OL].(2014-04-11)[2022-07-22].https://www.doc88.com/p-0774360762794.html?r=1.

[202] 中华人民共和国生态环境部 .1992 年中国环境状况公报 [R]. 北京 : 国家环保局 ,1992.

[203] 中华人民共和国生态环境部 .1995 年中国环境状况公报 [R]. 北京 : 国家环保局 ,1995.

[204] 中华人民共和国生态环境部 .2021 中国生态环境状况公报 [R]. 北京 : 生态环境部 ,2021.

[205] 中华人民共和国生态环境部 . 环保总局公布各大水域环境风险排查中期结果潘岳要求全力推进规划环评 消除布局性环境风险隐患 [EB/OL]. 北京 : 生态环境部 网 ,(2006-04-05)[2022-07-23].https://www.mee.gov.cn/gkml/sthjbgw/qt/200910/t20091023_179981.htm?keywords%3D.

[206] 中华人民共和国生态环境部 . 生态环境部召开 12 月例行新闻发布会 [EB/OL]. 北京 : 生态环境部网站 ,(2021-12-23)[2022-07-23].https://www.mee.gov.cn/ywdt/zbft/202112/t20211223_965117.shtml.

[207] 中华人民共和国外交部 . 变革我们的世界 :2030 年可持续发展议程 [EB/OL]. 北京 : 外交部 ,(2016-01-13)[2022-07-24].https://www.fmprc.gov.cn/web/ziliao_674904/zt_674979/dnzt_674981/qtzt/2030kcxfzyc_686343/

zw/201601/t20160113_9279987.shtml.

[208] 中华人民共和国中央人民政府.“十四五”国家信息化规划 [A]. 北京：中央人民政府,2021.

[209] 周宏春.另辟蹊径 走一条符合中国国情的碳中和之路 [J]. 中国商界,2021,10:34-35.

[210] 周丽旋,吴健.中国饮用水水源地管理体制之困——基于利益相关方分析 [J]. 生态经济,2010,8:28-33.

[211] 周生贤.我国环境保护的发展历程与探索 [J]. 人民论坛,2014,9:10-13.

[212] 朱谦.环评告知承诺审批改革的实践面向及其合法性审视 [J]. 学术论坛,2021,44(1):13-26.

[213] 朱坦,汲奕君,吴婧,等.环境影响评价回顾与思考 [J]. 环境保护,2013,41(14):35-38.

[214] 朱坦,乔盛,白宏涛.发挥战略环评作用 落实生态文明理念 [J]. 环境保护,2016,44(12):17-20.

[215] 朱坦:以环评促进生态文明建设新实践 [J]. 环境影响评价,2013,5:21-24.

[216] 朱志权,薛亚楠,徐人龙.环评区域限批制度的规范演进、法理解析与制度应对 [J]. 东华理工大学学报(社会科学版),2020,39(6):555-563.

[217] 祝兴祥.环境影响评价与可持续发展 [EB/OL]. 北京：环境影响评价网,(2022-06-29)[2022-07-29].http://www.china-eia.com/wyhpgs/rxwz/202206/t20220629_987093.shtml.

[218] 祝修高,李小梅,吴春山,等.基于 RIAM 模型的生态旅游开发环境影响评价研究 [J]. 环境科学与管理,2015,40(2):171-176.

附件

中国环境影响评价大事记

　　为清晰展示我国环境影响评价制度演变过程，记录我国环评人几十年来的不懈努力和探索创新历程，梳理了各个阶段的环评研究、管理和实践中的重要事件，形成中国环境影响评价大事记（1973—2022 年）。

1973 年 8 月

第一次全国环境保护会议在北京召开，确定了"全面规划、合理布局、综合利用、化害为利、依靠群众、大家动手、保护环境、造福人民"的环境保护工作32字方针，通过了第一个全国性环境保护文件《关于保护和改善环境的若干规定（试行草案）》，揭开了我国环境保护事业的序幕。此前是1972年6月5日联合国在瑞典首都斯德哥尔摩召开了联合国人类环境会议，会议通过了《人类环境宣言》，此次大会是国际社会就环境问题召开的第一次世界性会议，是世界环境保护史上一个重要的里程碑。时任国务院计划起草小组成员的曲格平，作为我国政府代表团成员参加了会议，将环境影响评价理念引入中国。

1979 年 9 月 13 日

《中华人民共和国环境保护法》颁布实施，明确"一切企业、的选址、设计、建设和生产，分注意防止对环境的污染和破行新建、改建和扩建工程时，对环境影响的报告书，经环境和其他有关部门审查批准后才计；其中防止污染和其他公害必须与主体工程同时设计、同同时投产"，环境影响评价首层面被确认。

引入和确立阶段（1973—1979 年）

1979 年 4 月

北京师范大学等单位率先在江西永平铜矿开展了我国第一次建设项目环境影响评价工作。

国家环保总局联合下发《关
影响咨询收费有关问题的通
了环评行业编制费用。

7 月

局联合铁道部、交通部、水
电力公司、中国石油天然气
发《关于在重点建设项目中
环境监理试点的通知》，在生
突出的国家十三个重点建设
程环境监理。

环境影响评价管理司编
环境影响评价案例讲评（
录了 11 个规划环评案
自治区国民经济和社会
规划纲要战略环境影响
首个省级行政区战略环
一体化工程建设"十五"
规划》环境影响评价是《
开展的第一个国家层面
，《大渡河干流水电规划
评价》则是《环评法》实
个典型水电梯级开发专项
略环境影响评价案例讲
收录规划环评案例 48 个

2002 年 10 月

《中华人民共和国环境影响评价法》由中华人民共
和国第九届全国人民代表大会常务委员会第三十
次会议审议通过，强化了建设项目的环境影响评
价的管理制度，确立了规划环评的法律地位，中
国环境影响评价制度建设取得历史性突破。

2002 年 11 月

中国环境科学学会环境影响评价专业委员会成立。

2002 年 11 月

国家环保总局发布《建设项目环境影响评价文件
分级审批规定》（环境保护总局令第 15 号），规
范和强化了环境影响评价分级审批工作。

2007 年 1 月

国家环保总局发布《关于
项目环境管理严格环境
告》，首次采取"区域限
，对建设项目环评违法
突出的流域、区域和行
行"区域限批""行业限